U0558622

儿童
早期教育
心理学

〔奥〕阿尔弗雷德·阿德勒 著

周银浪 译

台海出版社

图书在版编目（CIP）数据

儿童早期教育心理学 /（奥）阿尔弗雷德·阿德勒著；
周银浪译. -- 北京：台海出版社，2022.12

ISBN 978-7-5168-3429-9

Ⅰ.①儿… Ⅱ.①阿… ②周… Ⅲ.①儿童心理学②
儿童教育—早期教育 Ⅳ.①B844.1②G61

中国版本图书馆CIP数据核字(2022)第203114号

儿童早期教育心理学

著　　者：〔奥〕阿尔弗雷德·阿德勒　　译　　者：周银浪

出 版 人：蔡　旭　　　　　　　　　　封面设计：李爱雪
责任编辑：徐　玥

出版发行：台海出版社
地　　址：北京市东城区景山东街20号　邮政编码：100009
电　　话：010-64041652（发行，邮购）
传　　真：010-84045799（总编室）
网　　址：www.taimeng.org.cn/thcbs/default.htm
E - mail：thcbs@126.com

经　　销：全国各地新华书店
印　　刷：固安县保利达印务有限公司
本书如有破损、缺页、装订错误，请与本社联系调换

开　　本：880毫米×1230毫米　　　1/32
字　　数：103千字　　　　　　　印　　张：6.25
版　　次：2022年12月第1版　　　印　　次：2022年12月第1次印刷
书　　号：ISBN 978-7-5168-3429-9
定　　价：38.00元

译者序

雨果曾说过："每教好一个孩子，就少一个败类，每办一所学校，就少建一座监狱。"因此，教育要从儿童时期抓起。但儿童教育是个难题，处理不当就会对孩子产生难以磨灭的影响。儿童教育为什么是一道难题？作为一名教育工作者，我对此深有感触。从教育学的角度来说，孩子的成长一方面需要自我认知，另一方面则需要成年人的引导，特别是在幼儿时期，父母和老师的引导对孩子来说尤为重要。父母和老师不但需要对孩子进行知识教育、智力开发，而且还要对孩子进行人格教育、性格培养，而后者对孩子树立正确的人生观、价值观至关重要。个体心理学创始人阿尔弗雷德·阿德勒的儿童教育思想，值得我们学习和借鉴。

阿德勒是20世纪一位伟大的心理学家，阿德勒提出的"自卑与超越"理论影响了无数人，让人们有了克服困难的勇气，超越自卑的内心活动，对生命的意义有了新的理解。阿德勒涉及的学术领域也非常广泛，他研究了哲学、心理学、教育学、医学和社会学等，然而，阿德勒最关心的还是儿童的教育问题，他一生都致力于研究把个体心理学理论应用于儿童教育实践。1870年，阿德勒出生在奥地利维也纳郊区的一个富裕家庭，但他的童年生活并不快乐。阿德勒从小就受佝偻病的折磨，身体孱弱、行动笨拙，直到四岁才学会走路；而他在家里也得不到妈妈的宠爱，有一个时刻都让他感到自卑的哥哥，有比他更受宠爱的弟弟和妹妹；在学校的成绩也是平平无奇，老师也不重视他，因而阿德勒从小就是个自卑的孩子。幸好，他的父亲不断地鼓励他说："阿德勒，你必须不相信任何事。"也就是说，不能让困境束缚自己，不能相信当下的困难就是人的一生，而要勇于突破，大胆地去创造自己的生活。正是这种坚定的信念造就了阿德勒传奇的一生。

本书是阿德勒在儿童教育领域的集大成之作，围绕如何帮助儿童形成一个正常的、健康的人格这一问题，提出了全新的教育理念。阿德勒认为儿童的性格在四五岁会基本定型，并逐渐发展出自己的生命风格。对于儿童的一些行为问题，阿德勒认为必须探究其童年时期的发展偏差源头，从根本上消除孩子的错误认知，这样才能培养出孩子独立、自信、勇敢、不畏困难的品质，以及与他人合作的意识和能力。

阿德勒认为，对孩子的教育，要关注其整个人的未来长远发展，这也正是父母和教师所要关注的首要问题。这本书可以帮助父母和教师捕捉孩子的心灵敏感期，解决孩子的心理问题，和谐地与孩子相处，让养育和教育变得简单而高效。

《儿童早期教育心理学》对理解儿童人格形成机制和矫正思路都提供了很好的视角，可以从深层次提高我们对儿童教育的认知，启迪和培养儿童的健全人格，更好地帮助有行为问题的儿童。本书分为十章，对儿童教育中的重要问题进行了解读和分析。主要内容包括：如何让孩子喜欢学校并做好入学准备；如何对孩子进行团队教育，让孩子在学校中更合群；如何教育独生子女；如何让孩子形成独立、自信、不惧竞争的性格；如何教育有行为偏差的孩子，帮他们摆脱不良行为，比如懒惰、自卑、暴躁、逃避上学、不合群等。

对于为人父母者，或者教师，或者关心和从事儿童教育工作的人们，本书具有振聋发聩的作用。希望父母和教师能真正成为孩子的引路人，希望天底下的每一个孩子，都能拥有健康向上的人生。

周银浪

前　言

我一直想把个体心理学引入学校对学生的管理中，因此我专门在学校成立了一个教育咨询中心，这是我的第一次大胆尝试。但是若想要个体心理学真正发挥作用，需要让老师以及问题儿童的家人携手合作，最终才能改变问题儿童的命运。这是我和个体心理学研究者的共同目标。

要想达成这个目标，不是一件容易的事情。这是个体心理学家、与我们合作过的老师和家长，还有对个体心理学认可的教育学者们的共识。尤其对于那些没有经验的父母和教育从业者来说，更是一个艰巨的任务。但我们从未失去信心，我们坚信：只要我们的工作能够不断地向前推进，只要我们能成功地赢得老师们的信任，让老师们建立对学科价值的信心，我们就一定可以不断完善学说的发展，使它更有利于教育工作的开展，并不断扩大它的适用范围，让更多人从中受益。

1928年，我在维也纳市立师范学院举办了一场讲座，名为《校园"问题儿童"的研究》，当时听课的人大多是老师，他们来自世界各地，我对这些老师最大的期望就是，他们能够真正地将个体心理学运用到孩子的教育教学以及日常管理的实践当中。

这部分内容现在也收录到了本书里，此外，多年来，个体心理学的研究者在维也纳和其他城市设立了教育咨询中心，这些教育咨询中心进行的实践活动在本书中也稍有提及，不过，对这些实践活动感兴趣的读者最好是参考《国际个体心理学杂志》的教育咨询手册，手册中叙述了实践活动的具体的内容和细节。

阿尔弗雷德·阿德勒

引　言

读者在翻阅这本书时，可能会感觉我在本书中叙述的内容浅尝辄止，没有深入理论精髓。但其实并不然，我想给大家讲解两方面的原因。一方面，外行人只会注意到个体心理学的一点儿简单皮毛知识，不做深入思考和理解，而我尽量使晦涩难懂的深奥理论变得浅显易懂，努力让更多对个体心理学感兴趣的人也能看懂本书。另一方面，那些自认为已经深入理解个体心理学，并认为个体心理学就是一门肤浅学科的人，是没有办法在实践中有效地运用这些知识的。

因此，这些年来，我不仅想方设法研究更科学、更完善的个体心理学，还积极与受过精神科专业训练的医生、教育工作者进行密切的合作训练，并且致力于发展实践操作的能力，以便他们能更好地理解和教育那些问题儿童和神经症患者。

尽管我们如此努力，但仍然有许多与我们意见相左的读者，对我们提到的特定概念进行不一样的解读。例如，我们对自卑感起源的看法。我们觉得它是来自面对生活需求而形成紧张的正向困扰，而有些读者却认为这是与其他人比较之后的结果。这是对概念的错误解读。有些概念甚至被恶意批评，例如，我们经过谨慎训练所采用的推测技巧，有些读者就认为那并不科学，尽管用其他方法得出来的结论与用推测所得的结论并没有什么不同。

虽然这样的局面让我们觉得难以理解，但是我们不会停下继续前进的脚步。因为我们知道：只有对个体心理学的领域越熟悉，才能越来越清楚地意识到它的强大作用。只有我们把个体心理学在教育方面的工作持续不断地推进，才能让更多的人理解个体心理学对于预防、治疗问题儿童和神经症患者有显著的效果。

我们仍然在努力着。让我们感到欣喜的是，越来越多的老师、教育工作者、医生以及心理学家投入到个体心理学的研究当中来了，我们的力量变得日益强大。在学校教育咨询中心，我们已经获得了改善学生偏差发展的成功案例，无论是老师、医生、父母还是孩子们，都以极大的热情与爱心参与进来，而学校教育咨询中心的重要性也越来越突显，同时获得了大家的肯定和好评。

这本书还包含了一份用于理解和辅导问题儿童的调查量表，以及一张《个体心理学概览图》，让问题儿童缺乏合作能力的原因和后果可以很清晰地被查阅到。

阿尔弗雷德·阿德勒

目　录

第一章 生命最重要的前五年

——如何让孩子对学校产生兴趣

你们都是教育工作者，理论知识我就不多说了，对你们来说，最为重要的事情是将理论应用到实践中。因此，在这里我们以探讨问题儿童为主，你们可以列举在学校遇到的问题儿童表现出来的具体行为，我们一起讨论如何帮助他们。但我们也不能忘记自己的本质任务，让孩子对学校产生兴趣，想方设法让孩子与学校建立联系，让孩子明白学校在他们的生活中有着重要的意义。实际上，我们现在讨论的问题与家庭教育有着莫大的关系，可以说是家庭教育的延伸，如果每个家庭都能对孩子的教育有正确的引导，那么学校就没有了存在的意义。

回顾社会的发展历史不难发现，一开始并没有像学校这样的教育机构，当时普通的家庭教育就能满足社会需求，后来为了社会发展，提升人们的素养，学校才应运而生。当时也存在一些教育机构，比如贵族学校，贵族子弟在这里学习政府事务与行政管理。后来又出现了教会所设立的学校，虽然教会学校是为了自身利益而兴办，但还是起到了促进知识普及的作用，也满足了教会与国家的需求。学校是随着大众的需求逐渐发展的，而教育机构则是顺应社会需求而产生的，尤其是在贸易以及科技迅猛发展的时代，公立小学也因此出现，并且根据社会的不同需求以不同形式开展教学活动。

现在我们要考虑的是如何办学的问题。首先，我们要明确学校是全民教育的基础，学校的任务是教书育人，培养学生独立自主生活的能力。其次，学校还应与家庭教育相结合，双方共同努力，让学生在离开学校之后，具备社会需要的能力。

我们从研究学校与家庭教育之间的关系中发现，一个人对人或事的态度是从家庭教育开始形成的，尤其是对事物的第一印象，孩子在进入学校的时候，便已经带着家庭教育的烙印。所以孩子在入学之初就面临一项新的任务，那就是家庭教育与学校教育如何能更好地结合在一起，共同为孩子的成长助力，这同样也是老师面临的新任务。

其实，学校是对孩子接受家庭教育程度的检验，反映了孩子对学校发布的任务的准备程度。孩子在进入学校之前，针对学校需求准备得越充分，他在学校面临的困难就越少。如果准备不足，他在学校的处境就会很艰难。准备充足的孩子很快就能适应学校的环境，融入集体，如鱼得水、乐在其中；同时他们也懂得关心别人，宽容体贴，并且不怕困难，敢于尝试。

　　准备工作是否充分，可以从孩子与母亲之间的关系上得到体现。我们通过观察母亲与孩子的相处方式，就可以知道孩子是否已经做好了充足的准备。如果孩子懂得关心母亲，把母亲看作自己真正的朋友，这种相处方式就是最佳状态。如果孩子在入学之前无法与母亲建立良好的关系，会导致孩子无法快速地融入学校生活，也无法找到知心的朋友。

　　如果母亲将全部精力放在孩子身上，所有的事情都打理得井井有条，孩子待在舒适圈里，没有锻炼自己的机会，对未来生活就会欠缺准备。长此以往，孩子就会对母亲有依赖心理，任何事情都等着母亲去解决。母亲要随时准备着，像消防员一样随叫随到，这会导致孩子的依赖心理越来越严重。他们会一直寻找能让他们依赖的人，不愿意长大，不愿意独自面对和处理问题，也没有解决问题的能力。

　　我们还发现了欠缺母亲的正确引导和管教的孩子的性格特点：他们内心冷漠，对别人充满了戒备，甚至是产生敌对心理。敌对心理常常出现在孤儿、私生子女、被抛弃的孩子、外表丑陋的孩子或是继子女身上。这些孩子没有朋友，不信任别人，也不知道关心和爱护别人，经常觉得自己是孤立无援的，心理异常脆弱，承受不了失败的打击，总感觉别人会嘲笑他，甚至受到不公正的待遇。

孩子的思想和行为在五岁之后逐渐成形，并伴随和影响他们的一生。当一个被家人溺爱的孩子进入学校之后，他发现自己不再受宠；当孩子进入一个完全陌生的环境时，他发现自己不再是被关注的焦点，就会感到焦虑，会不停地寻找可以帮助他重新得到关注的人。这个时候，他通常会用两种方式来达到目的：一种是他们会表现得特别的乖巧懂事，从而引起别人的注意。为了让自己曾经拥有的舒适圈再度出现，他们不愿意给别人添麻烦。另一种是截然相反的方式，懒散、喜欢搞恶作剧、经常故意挑衅别人、做事固执、不愿接受他人的意见，他们总是想方设法引起老师和同学的注意，希望对方放下手里的其他事情来解决他们的问题。

这些外在表现告诉我们：此时孩子的心理方向已经定型了，他们会抓住生活中的一切事物协助自己朝这个方向前进，从他们的生活轨迹中可以清晰地看到变化的过程。这类孩子有着共同的特点：他们注意力不集中，以自我为中心，不关心合作伙伴的感受；他们认为完成任务是一件困难的事情，任何事情都不愿意去尝试，甚至发展到不愿意去学校的地步。比起学校，他们更愿意待在家里。因为学校会对他们提出要求，犯了错误还会受到惩罚，对他们而言，这样的生活是他们不愿意接受的。当他们受到惩罚的时候，总觉得是别人在故意找麻烦，从不从自身找原因。显而易见，这种类型的孩子是不能靠责备或者惩罚来改变的。

　　还有一种类型的孩子也可能有上述表现，他们在学校感受不到被重视，总是觉得自己是被忽视的，所以不论是完成学校的要求和任务，还是与同学、老师关系的处理，都变得越来越困难。当我们面对这种极度自卑、不自信的孩子时，我们应该从心理学的角度全方位地认真分析。首先，了解孩子在入学之前的家庭生活状况，我们应该从他的家庭生活中去寻找原因。在入学之前，他一直和母亲待在一起，母亲对他极度溺爱，他可以从母亲那里获得一切自己想要的东西。对他来说，母亲就是无所不能的。其次，他喜欢跟母亲待在一起，这种轻松愉悦的满足感是别人无法给予的，是在别的地方也无法体会到的。他不愿意走出家门主动跟别人接触，没有准备好成为别人的伙伴，甚至排斥对外的一切。另外，他已经习惯了扮演一个被照顾的角色，他不知道自己是否有能力可以帮助别人，也不愿意尝试帮助别人。

　　当一名老师接手一个新班级时，他要管理三四十个学生，甚至更多。有什么方法可以减轻老师的负担呢？那就是尽快地熟悉、了解每一个学生的性格、脾气、生活习惯等。对学生了解得越多，老师的工作才能变得越轻松，可以解决或避免很多难题。那么如何成为一名好老师呢？这个职业没有可以照搬的范例。老师要想让孩子避免出现偏差行为，那么在引导孩子的过程中就必须借助个体心理学这门学科，来认识每个孩子的个性、心理、行为习惯，引导孩子走向正确的道路。与此同时，老师也要帮助父母引导孩子找到正确的成长方向。

在这里我们要关注一个非常重要的问题，我们都知道家庭教育对孩子的影响是不完善的，很多父母都想要在生活、学习甚至是社会交往方面，尽可能地帮助孩子分担责任，不让孩子承受太大的压力。对父母来说，孩子是家庭中最宝贵的财富，他们会尽全力去帮助孩子，给孩子全方位的保护。孩子也知道自己是父母的希望，他们也乐于享受自己在家庭中受宠的地位。渐渐地，一个被宠坏的孩子就这样出现了。在独生子女身上，这种情形尤为普遍。

这些孩子跟上面讲到的第二种类型的孩子有着共同的特点——缺乏集体意识，以自我为中心，一副事不关己，高高挂起的心态。如果他们是被溺爱的孩子，那么就只会看到自己的利益，关注自己的得失。如果他们是被排斥的孩子，那么他们就不知道拥有一个知心朋友是什么感觉。被排斥的孩子比被溺爱的孩子更自私，但他们的自私不是天生就有的，而是受到他们在儿童时期所经历的一些事情的影响。他们缺乏归属感，无法适应集体生活，也没有主动融入集体的勇气，因为他们根本没有把自己看作集体中的一员，所以他们在面对集体布置的每项任务或提出的要求时，都会觉得特别紧张，这种紧张的状态会以不同的表现方式呈现。

集体中的每一项新任务都可以看成对孩子的自我成长进行的一次测试，通过敏锐的观察去感知孩子在完成任务的过程中出现的一些细微差别，以此来了解孩子的行为和反应。每一项新任务都会给孩子带来一种新的情境，只有仔细地去观察孩子在执行新任务时遇到困难的当下，行为是如何表现的，我们才能判断他们是不是有融入集体生活的准备，准确地捕捉到孩子的心理特征和处事风格。

孩子的成长教育是经不起等待的，我们没有办法教会所有的孩子做好融入集体的准备，也不能等着孩子出现很严重的偏差行为时再去干预。我们不能安于现状、墨守成规，等着错误发生了再去改正它，而是应该防患于未然。如果一个老师熟悉个体心理学的知识，并且在引导孩子的过程中能运用这些知识，结合具体的实际情况去展开教育工作，将会带来意想不到的收获。若是孩子在入学前就产生了心理偏差，那么只从被家庭溺爱或者被他人排斥这些方面去寻找原因是远远不够的，这样只会把问题看得过于简单。比如一个熟悉色彩颜料的人，不一定擅长绘画。艺术素养是在长期实践的过程中逐渐形成的，而教育也是一门艺术，每一个人都可以学习，都可以在实践中不断地丰富和完善。作为老师要有换位思考的能力，要有坚持不懈的精神，这样才能带着对孩子的理解和爱，帮助他们为尽快融入集体生活做好准备。

其实，完美地融入集体生活只是一种理想化的状态，并不是轻易就可以实现的。关键的问题在于如何让孩子在内心产生融入集体生活的渴望。强烈的集体意识会引导孩子在成长的过程中走向正确的方向，避免成为问题儿童、神经症患者，避免出现自杀、酗酒以及犯罪等行为。那么，谁最适合帮助孩子执行融入集体生活这项任务呢？在孩子的成长过程中，一开始就应该为他们形成集体意识做准备的人是孩子的母亲。而当孩子进入学校，老师看到孩子的成长方向出现了偏差，就必须扮演母亲的角色，纠正孩子在行为和心理上的问题。

母亲在孩子入学之前要完成两项重要的任务：第一项任务是想方设法得到孩子的关注，与孩子成为朋友；第二项任务是引导孩子关注他人，尤其是要让孩子将父亲也看作朋友。而学校的任务就是在孩子入学之后替代母亲的角色，继续完成这两个任务，甚至做得更多。每一项任务代表着一个生活中的问题。如果家里有了弟弟或妹妹，那么新的问题就产生了，他和弟弟妹妹之间的关系也是必须做好充分准备的问题。

与人进行语言交流也是生活中要面对的问题。语言是与外界产生连接的工具，许多没有集体观念的孩子容易有语言障碍。怎么样才能发挥自己在集体中的存在价值？那就是不仅要关心自己，还要关注他人。懂得关注他人的利益，就能从容面对并顺利解决很多生活中的问题。不管是对兄弟姐妹、朋友、其他人的关注，还是对宗教信仰、政治观点、婚姻态度等，都是生活中迟早要面对的问题。那些问题儿童往往不太会关注其他人的利益，他们缺乏集体意识、乐观向上的态度以及面对生活困境的勇气。而我们通过观察孩子在日常学习和生活中的种种行为、习惯和心理的表现，我们就能更好地引导他们走向正确的方向，引导他们做好充分的准备，来面对未来生活中可能出现的问题。

接下来我要跟大家介绍一个五岁孩子的案例，通过观察他的生活状况预测未来他在学校的表现，我会告诉你如何准确地对一个孩子的行为做出判断。

"这个孩子很叛逆，很难与人好好相处。"

这个孩子长期处在一个与人抗争的状态之中，叛逆心理很严重，他应该是被溺爱的孩子，生活中备受家人的关注和呵护。那么令人困惑的是，他为什么如此叛逆呢？是什么引发了他的叛逆心理？难道是他觉得自己不再像以前那样受宠吗？很显然，我们从他的表现中可以推测，他目前的生活状况不如从前那样好。

"他十分活跃。"

他像一个随时准备上战场的士兵一样，情绪激昂，行为敏捷，思维活跃。如果他不活跃的话，我们会认为他的智力有问题。

"他喜欢到处搞破坏。"

这是热衷好斗的人的行事风格。

"他也有脾气，偶尔会发怒。"

每个人都有情绪，都有喜怒哀乐，孩子也不例外。我们可以借助这一点来判断他的智力是不是正常。如果智力低下的话，那么我们就要采取完全不一样的教育方式。因为智力低下的孩子，没有办法形成自己的处事风格。但这个五岁的孩子想要在一场战斗中取得胜利，享受胜利带来的喜悦、满足感和快乐。很显然，他不是智力低下，而是智力超群。

> "他的母亲说：'这个孩子的身体很健康，性格也开朗，但他总是对别人发号施令，让别人替他做事。'"

他的家人们对他也是无限宠爱，没有原则，他想要的东西也尽力满足。其实他的蛮横无理和故意胡闹的行为就是一种叛逆的表现。

> "当母亲做完家务后，他会穿着脏兮兮的鞋子爬到干净的桌子上；当母亲在看书时，他会故意去按电灯的开关。"

他十分清楚什么时候发起反抗，才能吸引母亲的注意。

　　　　"他在桌子旁边不停地走动，显得很焦躁，想引起

　　大家的关注。"

　　他曾经是家庭生活的中心，所以他现在特别渴望能再次回到中心位置。那么，我们可以进一步了解：是谁取代了他的地位呢？家庭中有新成员到来吗？

　　　　"他想要父亲陪他一起玩，总是用拳头打他的父亲，

　　像拳击手一样又狠又准。"

　　我们可以看到，他会尝试用各种方式引起别人的注意，哪怕是对人有伤害的方式。

　　　　"他吃蛋糕的时候，不会用叉子，而是直接用手抓，

　　把嘴里塞得满满的。"

　　这是他表达内心反抗情绪的一种方式，我们可以大胆假设，如果有必要，他也会用绝食的方式来表达内心的不满。

"当家里有客人来访时，他表现得很没有礼貌。他
会走在客人身后，把坐在椅子上的客人推下去，然后自
己坐到客人的椅子上去。"

这个行为让我们觉察到他缺乏集体意识，不愿意与人交流，
对他人带有敌意。

"当他的父母在唱歌时，他会不断地大声喊叫，以
此来表示自己很讨厌这些歌。"

当他出现一些偏差行为时，我们是不能用惩罚的方式去解决
的，这对他没有任何帮助。他只会感到委屈、屈辱、被忽视，我
们必须了解清楚事情的缘由，这样我们才能知道从何处着手。

"他的父亲是一名音乐家，父亲在台上唱歌的时候，
小男孩会在旁边大喊：'爸爸，过来！'"

他会做出这样的行为并不奇怪，他想要的就是引起父母的
关注。

　　"当他不能如愿以偿时，他就会生气。"

这是他表现反抗的态度，攻击的方式。

　　"他会把屋子里的东西都砸坏，还用螺丝刀把床架
上的所有螺丝都取出来。"

他会想尽一切办法破坏身边的东西，甚至伤害身边的人。这
种不计后果的行动只是为了告诉别人，他的态度是：你们不满足
我的要求，我就要生气了。

　　"当他想实现某一个目标，而且过程十分顺利的时
候，他会忍不住嘲笑别人。希望人们因为他的嘲笑，觉
得他是一个聪明的孩子。他无法集中注意力，母亲曾尝
试转移他的注意力，但没有任何效果。

　　"如果母亲打了他一巴掌，他会表现出一副无所谓
的样子，还会笑出声来，然后安静下来，不过最多安静
两分钟，接着一切又回到原点。母亲说之前家里所有人
都很宠他，不过现在已经不会那么溺爱他了。"

这个信息十分关键，解释了他做的这些歇斯底里的行为背后的原因：他对父母过度依赖，而家人的宠溺让他没有任何可以培养集体意识的机会。当他不再是作为中心人物的角色存在时，他无法适应这种变化，也不知道该如何面对。

"父母已经心力交瘁了，而他正兴致盎然、精力充沛。"

父母并没有做好长期与他斗智斗勇的准备，当然会觉得疲惫不堪。他却兴致勃勃，这正是他的目的：想尽一切办法重新赢得父母的关注。在这种情况下，父母越是严格要求、严厉处罚，男孩就越是有反抗的热情。

"他的精神不集中，无法专注地做一件事情。"

对于他而言，他的生活不需要专注，也不需要提前做任何规划。所以，他根本没有自己独立完成一件事的意识，也就根本谈不上独立解决问题。

"他和大多数孩子不一样，他已经五岁了，还没有去幼儿园。"

母亲错过了培养他独立意识和团队精神的机会，母亲似乎只是想独自拥有这个孩子，并没有考虑过关于他成长的诸多问题。

如何理解孩子和父母之间的关系非常重要，透过处理彼此之间关系的种种行为，我们可以窥见很多有用的信息。

第二章　孩子难以管教的原因

——如何帮助孩子做好入学的准备

第一章的案例中提到了一个五岁男孩的经历，他原本在家庭中占据着中心地位，后来他觉得自己失去了中心地位。可他不甘心这样生活，于是千方百计地希望回到原来的状态。处在原始时代的人类就有一种天生的本能，即竭尽全力捍卫自己的权利。现代心理学派也一直秉持这个观点，但我们无法将其用在这个案例中。我们要做的事情是让孩子重新回到正确的道路上，所以我们关注问题的角度非常重要。如果这个男孩与家庭成员之间的相处不愉快，那么当他入学之后面对学校的种种情况时，他会怎样应对呢？在学校，他是一个完整的个体，有了处理事情的固定模式和思维。当他面临学校发布的任务时，不会想太多，而是会下意识地按照脑海中固定的行为模式去应对它。在学校，如果跟其他孩子发生矛盾，他也会用之前在家里养成的行为习惯来解决问题。因此，他会努力成为被关注的焦点，得到所有人的青睐，让自己重新回到之前拥有的舒适环境。

我们要让孩子意识到为什么自己没有做好入学的准备？为什么有些孩子与其他同龄人之间有这么大的差距？学校布置的哪些任务会引起他们强烈的反应？再比如，一个孩子在前一所学校没有学到任何东西，而在转学之后，他发现学校里的同学都已经养成了很好的习惯，于是他自己也跟着形成了良好的习惯。面对这样的情况，我们就要知道这个孩子在前一所学校的情况是怎样的？上面的案例告诉我们，孩子在入学之前做好充分准备是多么的重要。若是只告诉孩子的父母"您的孩子没有办法完成他人要求"，是不够的。而老师的职责是找出并且改正孩子自身存在的缺点，还要找到一个能帮助孩子赶上其他人的办法。当然，老师都会凭着本能竭尽全力地帮助每一个学生，但是我想说，科学的方法在这个过程中也是不可或缺的。临床心理学家的经验，在这样的案例中可以派上用场。在我们处理的案例中，那些没有做好充分准备的孩子，不仅会以问题儿童的角色出现在我们的眼前，有些甚至还有神经质、狂躁、犯罪倾向、自杀倾向、酗酒、性骚扰等让人惊讶的表现。

一般来说，被宠爱的孩子会有许多相似的表现，他们渴望时刻得到别人的关注。比如，孩子把灯关闭，母亲就会注意到他的行为，停下手中的事情来到他身边，于是他就有了"看吧，我就是厉害"的错觉。母亲的批评和处罚在他们面前是无效的，因为他们已经达到了自己的目的。在学校里也是如此，自始至终他都想成为被人关注的对象，成为任何场景中的主角。

　　家长把孩子送到学校，是想通过学校的教育让孩子有所改变，家长觉得老师在教育孩子方面一定会比自己更有办法、做得更好。可是，老师面对的是一个已经形成了自我思想和行为风格的孩子，想要纠正过去的错误，将他引到正确的道路上去，难度可想而知。所以，老师在教育问题儿童时的切入点就变得至关重要。老师要多跟学生相处，了解他们的行为，判断他们属于哪种类型的孩子，接下来就可以预测他们在不同情况下的反应。然后你会很惊奇地发现：他们在与所有人交往的过程中都始终扮演着相同的角色。扮演的角色如果不是自己能够胜任的，他们就会不知所措，只能竭尽全力去完成自己能做到的部分。就像一个喜剧演员在扮演悲剧角色时，他的一举一动依然会让观众哈哈大笑。因为角色意识已经在观众的心中定型了，孩子也是如此。他们不论在什么样的环境中，都会用自己在家庭中已经习惯的行为模式去行动，他们不知道并且很有可能根本没有意识到自己的行为有什么问题。所以老师最重要的工作就是通过与孩子的接触，了解或预测他们对某件事情的看法，找出问题，引导他们重新构建对自己的认识。

在讨论孩子难以管教的原因时，我们发现问题儿童的共同特点就是追求的目标不符合集体规范，他们的目标只为自己的利益服务，他们所确立的目标是毫无意义和价值的。帮助大家认清这一点，并为需要的人提供有益的帮助，是我们建立个体心理学体系的初心。

当我们对很多案例中的问题儿童的表现进行深入研究时，我们会发现一旦这些孩子遇到困难，他们很可能既没有解决问题的能力，也没有坚持去寻找解决方案的信心。问题儿童在面对需要完成的任务时明显勇气不足，他们不相信自己有能力去找回曾经占据中心地位的荣耀，那么他们就会试图找到一种自我感觉很强大，但不需要鼓起勇气去完成任务的办法。如果再深入了解，就会发现这些问题儿童经常向母亲寻求庇护，害怕面对陌生人。当需要他们展现积极、阳光、勇敢、自信的一面时，他们就会畏畏缩缩不敢上前，甚至整个人都表现出沮丧和自卑。他们不够自信，觉得自己无法完成这样的任务，所以他们会从另外的角度去释放自己的这种巨大压力。

其实，我们能够明确这样一点：犯错是不需要勇气的，罪犯并不一定是一个勇敢的人。如果我们仔细地去观察小偷的作案经历，就会发现小偷在行窃之初，只敢去空无一人的房子里偷窃，他们需要借助对手的软弱来增强自己的力量感。我曾经听过这样一个故事。

一天晚上，一个小偷翻墙进入一个富裕家庭准备偷窃，他进入房间后看到两个人正在睡觉，心里很高兴，没有发觉其中一人是在装睡。就在小偷准备走时，有人叫住了他，用责备的语气问他："你为什么要偷东西？你为什么不用自己的劳动获得报酬？"小偷握着手枪，回答说："你知道我们底层劳动者的工作环境有多么艰苦吗？"从这个回答中，我们能读出他心里的自卑与绝望。

我们已经快找到问题儿童没有准备好的关键原因了。这应该与孩子幼年时期的发展有关系，特别是过度负担压力的孩子是无法得到全面均衡的发展的。

那么，问题儿童的巨大压力是如何造成的呢？主要与孩子的身体素质有关。有些孩子存在先天性的身体缺陷，比同龄人要显得更加瘦弱、矮小，缺乏活力和热情；有些孩子的肠胃吸收能力非常差，过敏、呕吐或胃绞痛等状况频繁发生，使得他们的心情非常烦躁。为了不让他们在生长发育上落后于同龄人，他们需要被精心照顾来满足其营养需求，以避免身体上的不适。这种情况通常会在他们的幼年时期持续很长一段时间，所以他们很早就尝到了生活的苦。他们的身体备受折磨，精神压力倍增，这种状况迫使他们只关注自己，无暇顾及周围的人。

对这类孩子来说，他们最在乎的东西应该就是各种各样的食物了，他们会研究食物搭配来使自己的营养均衡，甚至连做梦的内容都与食物有关。当然，我们可以将这些孩子的兴趣逐渐引导到对他们成长有利的一面，比如培养他们品尝美味的能力，他们往往能成为很好的美食家，凭借自己的能力去制作美味的食物。因为他们会不断地去寻找与食物有关的美好事物，所以这种兴趣会一直伴随着他们，成为生命中不可或缺的一部分。

生理上的问题会带来心理上的巨大变化，身体感官对于孩子来说至关重要。在这里我想讲的不是他们身体上的缺陷，而是这些孩子会因为生理自卑感到紧张。我们可以发现，很多体弱多病的孩子不仅无法忍受自己的弱点，甚至还会特意把自己的弱点展现给别人看。他们对自己弱点的关注程度超出我们的想象，他们的内心会萌发想要得到更多人认可的强烈愿望，这使得他们格外关注自己的弱点。

另外，有些孩子会对自身某一方面的缺陷特别关注，这也会使许多人失去勇气，感到自卑，习惯用左手的孩子身上就经常会发生这种情形。个体心理学家发现，大概有35%~50%的人是习惯用左手的，却只有不到10%的人知道自己习惯用左手，大家经常忽略这件事。

生活中的很多事物都是为习惯用右手的人设计的，比如文具，当习惯用左手的孩子来到学校时，他在身边都是习惯用右手的孩子的班级氛围中，就像是一个完全没有准备好的笨手笨脚的孩子，于是经常会被老师责备，甚至惩罚。这类孩子一开始就比其他孩子更难获得成功，他们必须训练支配能力较弱的右手，以免与他人格格不入的感觉日益增强。这不仅需要漫长的时间，而且训练的方法也必须正确，才能够实现与同龄人同步。在过去，我们在阅读和写作方面受到的训练是很少的，艾因哈德[1]就曾经描述过，查理大帝学习写作和阅读时是如何竭尽全力，但是这位伟大的统治者仍然因为"缺乏天赋"而遗憾收场。显然，当时这

---

[1]　艾因哈德（Einhard，770—840），历史学家、政治活动家、中世纪欧洲最著名的传记家，是"加洛林文艺复兴"的代表人物之一。他曾担任查理大帝的侍从秘书，参与各项政事。写了具有史料价值的《查理大帝传》。——译者注

种教学方法是非常糟糕的，一直到了裴斯泰洛齐[1]的出现才有所改善，他让无数有读写困难的孩子获得了成功，所以方法始终是关键。

我们还是用习惯用左手的孩子进入学校后的状况来观察吧。习惯用左手的人，很有可能会写一手好字，在回顾他们的学习历程的时候，我们会找到他们的秘密。习惯用左手的孩子本身就拥有一双"巧手"，只要他们找到适合自己的方法就能成功地克服困难，成为真正的赢家。

然而，有更多的习惯用左手的人却没那么幸运。他们在生活中做事笨手笨脚，经常遭到指责、批评，甚至是嘲笑，因此他们十分沮丧，对自己失去自信。面对生活中的任务与困境，他们没有信心去解决，最后往往一事无成。我们还发现许多问题儿童、罪犯以及自杀者有很多都习惯用左手，同时也发现很多成功人士中习惯用左手的人也不在少数。这两种情形都有可能会发生，而且走向了两个人生的极端。

---

[1] 约翰·亨里希·裴斯泰洛齐（Johann Heinrich Pestalozzi，1746—1827），瑞士教育家，被尊为欧洲平民教育之父。裴斯泰洛齐认为，儿童劳动是发展体力、智力和道德能力的手段，要通过多方面的劳动训练，来提高儿童的智力。——译者注

我们通过实验发现，习惯用左手的人只要把左右手十指交叉，就会发现左手的拇指会下意识地放在右手的拇指上方。也就是说，我们可以通过简单的测试方法去辨认哪些是习惯用左手的人。不知道孩子是习惯用左手的人，就会把他们跟不上节奏的原因归咎于天生的笨拙，或者是心理上的懒惰。满腹委屈的孩子经常听到这样的批评，慢慢地就会对成功不再抱有期待，从此一蹶不振。懒惰是自卑感的一种表达，只要他们在生活中遇到困难，这种用懒惰来体现的自卑感就会钻出来作祟。

第三章　孩子的处事风格

——如何让孩子改变处事方式

孩子在入学之前，因为缺乏适当准备而产生偏差行为已经存在多久了？在这些偏差行为出现之前，孩子有什么不一样的表现吗？这是到目前为止我们的研究工作必须关注的两个问题。

　　前文中我们已经跟大家探讨过幼儿时期引发儿童自卑感的特点与引发自卑感的原因，以及通过怎样的途径去了解自卑。自卑感只有在儿童面临生活困境的时候，才会真实地暴露出来，从而被身边的人察觉。如果他们没有遭遇困境，一直能够顺利地得到他们想要的一切，那么自卑感就能安然地隐藏在他们的行为背后，甚至根本不会有人把他们的一举一动跟自卑感联系到一起。

　　如果孩子在面对任务的时候，积极、乐观、信心满满，那么行动力、创造力和自信心就会从他们的言谈举止中表现出来，甚至连走路姿势也能体现出来。同样地，如果孩子对自己没有信心，认为自己没有解决问题的能力，他们就会惶恐不安、不知所措，这些情绪就会在他们的一举一动中展露无遗。

　　我们可以先采取横向比较的方法观察孩子，看一下他们对自

己的能力判断与处事的态度，以及在不同状况下的表现。看一下
他们是否同时对许多事情不够自信，甚至感觉特别自卑。然后再
进行纵向比较，把孩子现在的表现和过去的处事风格进行对比。
通过这一纵一横两条线的研究结果，我们就能比较全面地掌握孩
子的处事风格。

如果我们还想了解得更深入，可以询问孩子的亲人或孩子过
往的回忆。一旦了解他们对以往生活的描述，再结合这些记忆的
图景，我们就可以进行解读，从而让我们清楚地了解孩子的思想
变化过程，同时对他们目前的状况做出相对准确的判断。我想强
调的是，即便是幼儿，他们对自我的判断也已经呈现机械化的特
征，已经形成了固定的思维模式。这让人感到不可思议，但它是
普遍存在的事实。

为什么幼儿的处事思维会出现固定的机械化特点呢？当孩
子第一次面临一种状况时，这个经历会对他们产生影响，他们必
须选择自己的观点、态度，接着采取相应的行动。当事情解决之
后，他们就会思考，以后再发生同样的状况，怎样做才能达到自
己的目标。如果他们每一次都能用同样的方式顺利地解决问题，
那么他们根本不用去思考其他的方法，慢慢地这种解决问题的方
法就固定在他们的思维之中，变成了处理问题的一种模式化思

维。这就像一首熟记于心的诗词,一切都已经机械化,不需要思考便可以脱口而出;或像钢琴演奏家练习了几百次的曲子,无须看乐谱,也能弹得行云流水。

当我们搜索现存的一些心理学文献时,经常会看到一些精神分析学家和其他心理学派的观点,比如哈特曼提出的无意识学说,他认为无意识是动力、欲望的表达,而且从文化的角度来看,那是一种不良的方式。在人类生活长期的演变中,人们为了拥有更美好的生活,实现群居的生活理想,把这种无意识看作不良的表现,借由良知为其披上文化的外衣,渴望能够用更文明、更理性的方式去约束内心真实的欲望。我们对这样的看法持反对意见,在人类发展的过程中,人类独自生存时会遭遇难以解决的问题,而团队合作是很重要的生存方式。人们在尝到集体生活的益处之后,会把"是不是对集体有用"作为采取行动的一个重要判断标准。这样的集体意识是符合大众需求,且被每一个期待得到集体认同的个体所认知的。

只要没有出现自我认知,孩子的处事风格就会与自我评价保持一致。教育的职责就是要唤醒孩子的自我认知。只有对自己的思维和行动有了足够的认识,才能够对自己的行动偏差做出改变。从我们的调查和了解中发现:即便是幼儿,他们对自己的处事特点也是有所了解的。

我想列举一个案例让大家有所了解，即便是幼儿也很清楚自己的处事风格，进而能影响其行为的改变。一个两岁的小女孩站在桌子上蹦蹦跳跳，她的母亲看到后吓坏了，着急地对女孩喊道："快从桌子上下来，你会摔倒的！"但小女孩不理睬母亲的话，继续在桌子上跳来跳去。此时，她三岁的哥哥看到了这个情景，大声地对妹妹喊道："你别下来，你就继续待在桌子上面！"结果小女孩很快就从桌子上爬下来了。哥哥很了解妹妹的心理状态。毫无疑问，这也符合幼儿心理的普遍特征，只要他们做的事跟别人的建议相悖，他们就特别有成就感，觉得自己很重要。

我们想观察孩子是如何远离自己的任务的，以及是否只有意志才是我们无法改变的，而不是行为。在很多心理学教科书里，我们都能看到"意志就是行动开始的证据"这样的说法，这种观点认为意志与行动是相对立的，其实这是一个普遍的错觉。我们通过调查和研究发现，当我们在观察一个孩子的意志时，在相当长的一段时间内，看不出任何变化。因为他们的处事风格已经机械化了，他们的意志和行动是完全一致的，成了一个不可分割的整体。而在形成这种机械化的过程中，一定可以从很多事件中发现蛛丝马迹，这些是导致孩子处事风格机械化的证据。如果引导孩子回顾自己的童年时光，哪怕只有细小的记忆碎片，我们也能从中获得许多重要的信息。因为他们在回顾自己过往经历时，会不自觉地选择一些对他们来说非常重要的信息，虽然这些信息对现在的他们来说，没有什么特别的含义，他们自己也无法捕捉这些记忆背后的深刻意义，但个体心理学家正是依赖这些信息去寻找他们机械化处事风格形成的轨迹。

我想跟大家分享一个案例，我觉得这个例子非常具有代表性。

有一个十三岁的男孩，他身上有各种各样的缺点，在小学五年级时他被迫退学了。他不仅学习成绩差，还有偷窃行为，有时候经常突然失踪好几天，直到在外面待不下去或是被警察强行送回家。他完全就是个没人管教的孩子，周围的人都觉得他已经无药可救了。于是，小男孩被送到一家管教所，里面有一位老师曾与我是同事，他用机械化的观点来做判断，认为如果我们肆意妄为地惩罚这个孩子，只会让这个孩子觉得自己没有了任何希望，这种处理方式是完全错误的。这位老师想先了解这个男孩，先了解他的处事风格与自我认识程度，然后再决定采取相应的方法引导男孩做出改变。在他看来，从哪个时间段开始并不重要，因为任何外在的表现都会跟他的内在想法一致，只要下决心去了解就会有收获。

于是，他开始调查男孩在学校的行为记录。他发现，男孩从一年级到三年级的表现都非常好，直到四年级时成绩才突然变得很差，这种糟糕的局面在五年级时还没有得到改善。这让老师心中产生了疑惑：为什么他在四年级的时候成绩会突然变得糟糕呢？他猜测，这应该和四年级新换的老师有关系。因为从一年级到三年级，男孩的老师一直没有变，四年级时换了一位新老师。我猜测，是不是因为这位新老师特别严厉，才会让男孩有这样的变化。男孩的回答证实了我的猜测，男孩说道："四年级的新老师不喜欢我。"也就是说男孩觉得责任在老师身上。这个结果让我们明白：事实并不重要，重要的是男孩的感受。

这位老师从孩子的语言和经历中做出一个大胆的推论：只要鼓励这个孩子，并且满足他想得到别人的关注和宠爱的愿望，就能让这个孩子继续朝着积极的方向前进。很明显，他是一个从小被家人宠爱的孩子，家人的宠爱让他没有独立去面对困境的机会，所以他接受任务之前必须满足一个条件："他们必须赞赏我，喜欢我。"如果他没有感受到他所期望的那种认可，他就缺乏继续前行的勇气。

当管教所的老师问他："你是怎么处理偷来的东西的？"他回答说："在别人眼里，我是个坏孩子，所以我想如果我把礼物送给其他同学，他们是不是就会对我友善一点。"这就是男孩偷东西的动机。他是为了得到更多人的认可，希望得到更多的善意而去偷东西的。我们从这件事情当中可以得出这样一个结论：这个男孩希望被善待，想让周围的同学更喜欢他。以他目前的思维和能力，他如果想达到这个目的，除了偷东西送给别人以外，别无他法，这是一个让人觉得特别悲伤的事实。

老师接着问他："你为什么要离家出走、逃学呢？"他说："只要学校有考试，我就知道会考不好，我的成绩很差。"而且很多学生不愿意去上学，是因为他们在学校总会受到惩罚。学生在学校考得不好，老师就会通知父母，回到家后他们还会受到父亲的惩罚，而母亲就会一边看着，一边流着眼泪。他用逃学、离家出走这些错误行为告诉我们：他只是想获得温暖和关爱。一个人如果喜欢待在某个地方，是不会逃走的。当这个男孩回到家之后，母亲就会亲吻他、拥抱他，以及接纳他。此时他觉得自己就是被宠爱、被喜欢、被关注的那个人。他回到家的时候，也会把做饭的柴火堆放在母亲的门前。这个行为和他偷东西去讨好同学的举动看上去好像完全相悖，但其实是同一种机械化处事风格的映射，都是朝着获得比现在更多的关爱和认可这个目标行动的。

我们还可以通过其他行为来了解男孩为什么会采取偷窃这种方式，以及他为何始终与母亲保持亲近而友好的关系。他在回忆中提到了两个片段，也许能帮助我们更好地找到问题的答案。第一个片段是他曾经看见一头麋鹿淹死在河里，之后被一个陌生人捞起来运回家去了。另一个片段是他曾经看见一节火车的车厢燃烧起来了，人们奋力抢出装满车厢的球，之后却把球带回家了。当然还有许许多多的其他事情，连接起来便能够形成男孩处事风格的整条轨迹，发现他把别人的东西据为己有的这种想法是从哪儿开始的。至于他从小就跟母亲比较亲近这一点，他的叙述是这样的："四岁那年，有一天父亲叫我去买报纸，可是……"（对于个体心理学家而言，这个"可是"就说明了一切，因为他提到了父亲后，因为"可是"说不下去了，我们从这个举动可以看到他对父亲的排斥心理。）从这里我们可以发现他的心已经开始偏向母亲了。

　　这是一个缺乏自信的孩子，他总是不断地寻找可以依赖的对象，无法独自面对交给他的任务。"我没有办法独自完成任务"这样的认知会导致他不断地去寻找依赖，同时这也会导致他的自卑心理。母亲确实发挥了自己的首要功能，让自己成了孩子的朋友，可这是远远不够的。她应该让孩子与其他人（尤其是父亲）也产生相互信任的伙伴关系。我们看到，母亲并没有成功地让孩子与父亲之间建立友好的关系。也许是因为她想独自拥有这个男孩对她的依赖和爱，她希望自己能永远帮助男孩去处理生活中的一切，希望自己一直是男孩心目中最重要的支柱，从而错过了交给孩子正确处理与他人关系的最佳时机。

　　作为老师，我们意识到之前母亲没有教会他的，我们必须教会他，也就是说我们必须承担起母亲的第二个功能：努力引导男孩形成集体意识。这个男孩还生活在母亲会永远帮他解决一切难题的生活模式里，他对集体生活完全没有做好准备。他会偷窃、逃学、离家出走，做侵犯他人利益的事情。可是在他的行为里却充满了胆怯和懦弱，他害怕受到惩罚，害怕拿到考试不理想的成绩单。所以他采取逃避的态度，他放弃了继续努力，转而用其他方式满足自己获得关爱的需求。如果我们想执行母亲的第二个功能，前提是我们必须执行母亲的首要功能。不论是教育性还是治愈性的治疗方式，都是建立在能实现母亲的这两个功能之上的。

那我们该怎么办呢？首先我们必须指出这个男孩的问题，并且明确地告诉他，想获得他人的喜欢和认可，必须要付出努力才行。结合他之前的表现进行分析，他就能很快明白：不断受挫的困境，内心对自己的否定和沮丧的心情，都与自己之前这种错误的机械化行为有关系。只有改变自己的处事方式，才能真正改变自己的生活境遇。

从这个案例中我们可以发现，无论在何种情况下，这个男孩的举动都有一致性。当我们将男孩的处事方式和自我评价相结合，就能获得非常清晰的认知。当我们拥有的经验越多，探索的程度越深，处理问题就会越容易。如果我们没有足够的专业知识处理问题，工作只浮于表面，就会让自己手足无措，不知从哪里着手。

附录里有一份个人心理学调查量表，我们可以借助这份量表来确定孩子的处事风格与自我评价程度。

第四章　孩子遭受的打击

——如何引导孩子在学校合群

你可以跟我们一起参与进来，也可以提出在生活中所遇到的问题儿童的案例，我们一起来讨论，并找出解决办法，帮助孩子改变机械化的处事风格。

　　接下来我给你做个示范，帮助你找到解决问题的基本要素，希望你能够接受我的描述方式。其中有两个关键的问题是：孩子从什么时候开始出现异常行为？孩子在什么情况下会出现异常行为？我们发现孩子的异常行为通常出现在需要解决问题的时候。例如，对孩子来说，离开舒适的家庭环境去学校生活已经是一个很大的挑战了，但他们还要接受来自学校中的各种情况。因此我们可以从孩子的适应程度，来了解他们对学校的规范需求做了哪些准备。不同的学校会对孩子的适应程度有不同的要求，根据这些要求，应注重培养孩子的独立自主能力，而不是让孩子一味地顺从安排，要重视孩子的独特个性。若是学校比较重视整体发展，而没有做好入学准备的孩子就会面临非常严峻的考验，他们在学校的表现可能会糟糕。

　　还有就是学校环境的变化，这些也会对孩子产生意想不到的影响。比如换老师、转学以及同学对他态度的转变等。而家人对孩子的鼓励非常重要，它能够改变孩子在学校里的表现，这种影响是潜移默化的。以下是一个说明家庭的鼓励重要性的案例。

　　有一天，一位母亲带着她的女儿来找我，向我讲述了一些基本情况。当时孩子出生不久，母亲就和孩子的父亲离婚了，没有办法独自抚养她长大，母亲就把她送给了一对夫妻寄养。三个月前，母亲把十岁的女儿从寄养家庭接回来了，但她们之间的相处并不愉快。

　　然后，我分别与女孩的母亲和女孩进行了一次谈话，便于仔细了解问题的症结所在。

　　孩子在寄养家庭中健康成长，学习成绩优异，马上要读四年级了。

　　母亲说："我的丈夫经常出去喝酒，家里的大小事务他都不管不问，孩子出生之后更是变本加厉，而我实在忍受不了这样的生活了，才选择了离婚。其实，我很爱孩子，一直都关注着她的成长。她很聪明，但是我担心丈夫的基因会影响孩子的成长，所以才从寄养家庭把她接回来，并决定用更加科学的教育方式来教育孩子。按年龄来算，她马上要升入四年级了，但是我觉得她在学校的表现不够成熟，所以决定让她留级。但老师认为她的表现不合格，不适合留在三年级，建议把她送到二年级去。"母亲对女孩在学校的行为很不理解，说，"我对她这么严格，就是希望她不要像她父亲一样误入歧途。但我这么用心对待她，却没有看到她有一点点的进步。"我能理解母亲的沮丧，我想帮助她们。

接下来，我与女孩进行了一番交谈，她看起来很正常，与人交流很顺畅，应该不存在智力缺陷的问题。我发现她总是情绪低落，对什么事情都提不起兴趣，而且注意力不集中，尤其是在看书的时候总是发呆。女孩的心智并没有停止发育，那么一定是其他原因导致了她目前的变化。

于是我针对女孩过去十年的生活经历，提出了几个问题：她在养父母家过得开心吗？养父母对她和善吗？现在她与养父母还有联系吗？我猜测导致她每况愈下的原因，可能与女孩的养父母有关，女孩从出生不久就在养父母家生活，与养父母生活得很愉快，建立了亲密的家庭关系。女孩对我说："我曾经非常喜欢上学，学习成绩优异，养父母对我也十分疼爱，我想重新回到养父母身边，重新拥有时刻被关爱、被呵护的感觉，但是我没有理由离开自己的亲生母亲。然后我就在学校故意表现得很差，让母亲对我感到失望，或许她就会把我赶走，那么我就可以回到养父母那里了。这是我可以回到养父母身边的唯一方法。"

答案果然不出所料，我的猜测是正确的。女孩突然离开了自己熟悉的环境，去面对十分严厉的亲生母亲，在母亲严格的教育下，女孩感到特别无助。于是，我不得不与母亲再次进行谈话，我说："我希望你可以改变与孩子的相处方式，和孩子成为朋友，平等相处，你还可以改变与孩子说话的方式，用温和的方式跟孩子对话，向孩子承认自己之前的想法有一些偏差，多给孩子一些鼓励，不要打击孩子的积极性，尊重孩子的个性。"母亲说："我会努力改正的。"

现在母亲的想法改变了，情况完全不一样了。我要求她们两个星期以后再来找我。两个星期以后，母女俩高高兴兴地来了。母亲兴奋地告诉我，老师表扬了女儿，说她现在可以顺利地跟上班级的进度，简直与之前判若两人。

在这个案例中，女孩遭遇的困境不是学校造成的，同样的案例还有很多。当我们发现孩子遇到困境的时候，必须去深入了解他们身上曾经发生过什么事情。

比如，当孩子到了青春期，有些孩子会患有思觉失调症，他们的思维、情感、感觉与现实脱离。这些孩子经常会受到老师和家长的责备，孩子的许多错误行为并不是故意的，而是对生活境遇感到沮丧之后的一种表现，是想要引起他人重视的一种不合理行为，是走投无路时迫不得已的手段。我们不应该跟这些孩子进行对抗，用指责、批评甚至是更极端的方式去打压他们，以表达自己的不满和愤怒，而是应该冷静下来观察、思考，并找到他们构建生命风格时的偏差行为。

后来，人们研究发现，有的孩子在罹患了疾病之后，他们的行为方式会发生改变。例如，有的孩子因为流感引发了严重的脑部损伤，进而智力发育不好；有的孩子听力受损，没有及时治疗，最终引发了听力障碍；患有严重贫血的孩子，时常会头晕、全身无力，身体状况很糟糕，做事情也是心有余而力不足。

那这样的变化是如何产生的呢？一方面是因为这些孩子长时间生病，没有机会学习各种技能，跟同龄人相比有明显的差异。另一方面是因为父母会格外关注生病的孩子，当他们痊愈后，受关注程度也就少了，但他们不适应这种改变，所以会把这种不适应用行动表达出来，进而引发重大行为转变。

父母给孩子的关爱是任何人都无法替代的，尤其是生病时的孩子内心十分脆弱，他们渴望父母的温暖。许多孩子在痊愈之后形成的不良习惯，其实是在患病期间被父母过度宠溺而留下的后遗症。作为父母，我们当然理解父母知道孩子生病时着急的心情，肯定会以无比重视的态度来对待，而有的孩子在父母面前故意夸大自己不舒服的感受，渴望父母一直对他们保持关注。对这些孩子而言，"生病"其实是一种幸福。

当然也有例外的情况，有些孩子在痊愈以后会有积极正向的变化，甚至表现得比之前更加优异。下面这个案例就是如此。

男孩的父母都是老师，他在家中排行老二，他会把学习成绩优异的老大作为标杆，想要赶快长大超过哥哥，获得更多的赞赏。但哥哥能力很强，表现很优秀，无论男孩怎么努力都没有办法超越哥哥，那么他想要实现自己的目标就会有很大的挑战。于是男孩的行为失控了，家人没办法帮助他，决定将他送到管教所。他在管教所没有得到很好的照顾，患上了髋关节结核病，不能正常走路了，医生要求他卧床休息一年。男孩就这样从管教所离开了，回到了父母身边，从这时起，他就像换了一个人似的，变得乖巧、懂事、有礼貌，让家人又惊喜又诧异，觉得实在太不可思议了。

这样突如其来的转变是怎么产生的呢？我猜测是在男孩生病期间，家人对他格外的关注，让他感受到自己没有被家人遗忘。他通过生病期间备受呵护的状态，确认了自己是被家人关注着的，于是他可以不再用之前那样极端的方式去争取父母的关注了。他从根本上认识到了自己的错误，从而在行为上发生了翻天覆地的变化。这个案例给了我们另一种启示，父母一味地对孩子进行说教是没有用的，要做出实际行动让孩子感受到自己没有被家人忽视才行。

我们怎样才能把那些需要帮助的孩子从茫茫人海中找出来呢？这些孩子有三种非常典型的特征：第一种是因身体缺陷而自卑的孩子，第二种是只会索取不会给予的被过度宠爱的孩子，第三种是不懂得关注他人和集体的惹人厌烦的孩子。他们缺乏集体意识，在面对任务的时候经常手足无措，完全不知道自己该怎么做，充满了挫败感。这些孩子需要我们尽快施以援手。如果我们通过一个孩子的言行举止确认他是因为进入学校而产生了改变，那么首要的问题就是了解这个孩子在四五岁的时候，也就是处事风格成形的阶段，他经历了什么。这些孩子四五岁时的经历，对他们的处事风格有着深远的影响，他们悲观且懦弱，不能独自解决困难，或者只能解决其中的一小部分，这样的困难让他们觉得生活是如此的沉重。大部分孩子会想方设法逃避一切，拒绝面对任何问题。还有一些孩子会选择速战速决，这种方式往往在刚开始不久就没有办法继续下去，会因为能力不足而半途而废。

　　如果这样的状况没有得到改变，那么他们一辈子都会采用同样的方法去解决问题，一次又一次地重复，让他们的生活看不到阳光。即使有某些任务，让他们处在非常轻松愉悦的状态之中，一旦他们在某方面有所成就，就会继续向前进，让人看起来好像勇气十足，充满了斗志，然而在其他事情上，在那些需要通过艰苦卓绝的努力才能够实现目标的任务面前，依然会看到他们胆怯、懦弱、悲观、沮丧的一面。有些孩子会拒绝接受交给他们的任务，希望能够根据自己的想法和标准去行动，并期待这样的努力也能得到大家的认可。还有一些孩子不愿意配合，他们对任务的排斥会非常激烈，最后发展到逃学。对任务的排斥方式也是不一样的，他们所采用的手段千奇百怪，为了不上学，他们想尽各种可以用的招数：伪造签名、撒谎等。

　　当孩子成功地逃离学校，会躲到家人找不到的地方。有过多次逃学经验的孩子知道如何才能成功地导演这种恶作剧，而刚刚尝试这种方式的"小菜鸟"，就会用崇拜的目光看着这些经验丰富的"前辈"，希望能够得到他们宝贵的经验。经验丰富的孩子不容易被抓住，而这些孩子会夸耀自己的"丰功伟绩"，吸引众多的追随者和模仿者。一群被忽视的孩子聚集在一起，形成了一个比他们单独行动时要强大无数倍的集团，这个时候他们就成了社会的灾难，会给社会造成危害。当这个群体中的某个人被抓住时，其他成员会说那是因为他不够厉害。如果他的动作再熟练一些，根本不会被抓住。每个人都认为自己的行动已经十分娴熟，可以为所欲为，绝不会被抓到。于是狡猾、奸诈成为他们追求的终极目标。

　　如何让这些孩子适应学校的生活，不再千方百计地逃学呢？我想说，如果老师们能够给他们更多的关怀和鼓励，让孩子在学校多一点成功，多一点信心，多一些在学校做事的机会，多一些让他们认识到自己价值的机会，那么这种少年犯罪和帮派集结的倾向就会大大减少。连那些处理少年刑事犯罪的专家都感叹，这种孩子竟然会怕孤单、怕黑暗。其实我们大可不必对这个结果如此惊讶，因为我们已经从调查中发现，这些孩子总是对他人充满依赖。他们已经习惯有人替他们承担责任，以便让他们轻松前行。他们还会说："我会变成这样，都是因为我的母亲太宠我，导致我从小在同伴面前显得很无能，处处受排挤。"在这里，我们认为老师的任务不是去关注一些客观存在的东西，而是应该想方设法建立这些孩子的自信心，提升他们面对任务的勇气，用更多的机会去锻炼他们的能力，带领他们用积极、正确的方式去面对并解决生活中的难题。

个体心理学家认为孩子的天赋与能力是天生的，这种观点其实是错误的。在150年前，有许多妇女被当作女巫，遭受了严酷的刑罚，最后被处死。当时所有的学者、法官、牧师都觉得这样的做法是毋庸置疑的，是再正常不过的了。除了智力低下、神经衰弱等有疾病的人之外，我们坚持认为每一个人都必须拥有处理好自己的事情的能力。

从心理层面来考察，我们从一开始就必须将集体意识列入考量。一个人对他人的依赖程度会外显为他的性格特征，如何与他人进行交流，如何处理与团队成员的关系，如何看待团队中的其他成员……这些也是我们判断的依据。我们每一个人都不可能脱离集体，集体是我们个人无法分割的存在，所以我们追求的目标都应该与集体的目标相一致。假如人类脱离了集体而存在，根据人体构造的弱点来看，人类早就灭绝了。世间万物都具有联系性，个体心理学家的任务就是通过了解彼此之间更深层次的联系，找到集体存在的本质和意义。

第五章　现实与幻想的童年记忆

——如何正确教育独生子女

我想先跟大家聊聊独生子女的问题。独生子女的成长环境与其他有兄弟姐妹的孩子是不一样的，独生子女永远是关注的焦点，是家庭的中心。他们很难有独立的机会，因为所有问题都有人替他们打理得妥妥帖帖，想得周全到位。在家里，独生子女永远是最小的那一个，家人永远觉得他们是需要呵护的。久而久之，他们也觉得自己时时刻刻需要被照顾。随着年龄的增长，一方面他们想锻炼自己，想让自己成长；另一方面，他们又不愿意脱离家人的照顾而独立生活，他们已经习惯，并且很乐于接受这种轻松自在、毫不费力的生活了。

　　这样的独生子女不在少数，当他们成年以后，依然没有办法走出从童年开始就形成的处事模式。一些独生子女把工作视为不愉快的任务，从事任何工作都没有办法让他们产生愉悦感，也没有机会获得工作上的成就。另外，因为疾病、经济状况或者婚姻问题等让他们的父母无法继续生育第二个孩子，父母总是活在害怕失去孩子的恐惧当中，这种无时无刻存在的恐惧感让家庭生活蒙上一种莫名的阴影。

我想跟大家分享一个案例。

有一个大约十二岁的小男孩是家里的独生子，过去他的家境优越，备受家人宠爱，童年生活无忧无虑。令人意想不到的是，他的父亲在三年前突然去世了，留下母亲一人独自抚养他长大。父亲的离世让这个家庭的经济状况急转直下，母亲和他也没有做好父亲离开的心理准备，但母亲还保留着过去收藏的首饰，没有将这些东西变卖。而男孩的行为在父亲去世之后发生了翻天覆地的变化。之前父亲对他管教非常严格，他一直都循规蹈矩地成长，但在父亲去世之后，那些在他身上一直沉睡的东西就爆发了。

他在学校的表现十分糟糕，逃学、打架、偷东西，即便人赃俱获，他都不承认自己曾偷过东西。有一次，一件贵重的珠宝被偷了，人们怀疑与他有关，但他就是不说话。后来，一位叔叔想到了一个办法，只要他愿意说出实情，就答应带他去健身房玩三天（这是他早就想去的地方），于是男孩很快就承认了自己偷窃的行为，并说珠宝已经被他转手卖掉了。他处理偷来的物品要么是变卖，要么就是买零食、看电影和游泳等消遣。妈妈问他为什么偷东西，他的回答好像特别理所当然。他说："你给我的零花钱这么少，我该怎么办呢？我当然得自己想办法呀。"从他的语言中，我们就可以清晰地看到，一个所有的宠爱突然间都消失了的孩子，这是他必然会有的处事风格。如果我们不考虑他人和集体利益的话，这个男孩处理事情的方式无疑是很理智的，我们挑不出他行为中的错误，也会跟他一样觉得理所当然。只是当我们把他的行为与集体利益联系起来去分析的时候，才会感觉到有问题：他的出发点只有自己的利益，在他的意识里没有他人，也没有集体。

小时候，这个小男孩是一个备受宠溺的孩子，他没有独立解决问题的机会。父亲去世之前，他一直充当的是一个接受者的角色，而不是给予者。他不需要去关心别人，只要好好照顾自己就足够了。他是全家人关注的中心人物，任何问题都会有人帮他解决。而当他走入校园时，并没有做好和他人成为伙伴、共同面对任务的准备。当父亲去世以后，成为中心人物的感觉不复存在，他不习惯自己去解决问题，也没有独立解决这些问题的能力，他依然希望自己是那个伸出手就能得到想要的东西的孩子。他喜欢自己有良好的家教，有取之不尽的物质条件，有健全发展的机会。但是他不觉得这一切需要通过自己的努力去获得，所以他会选择用错误的方法来达到自己的目的。

　　每一个新情况都是一次测试，测试他是否已经准备好与他人合作。当我们回顾他幼儿时期的生活经历，就能够理解一个备受宠溺的孩子是如何在集体生活中手足无措，并逐渐向错误的方向迈进。如果我们期待他在学校有优异表现的话，那就需要完善和发展他对集体的认识，他对人友善的态度。如果我们想要帮助他，就必须要找出他的这种处事风格形成的原因，并研究这个原因会给他带来什么深远的影响。

　　在前文我们已经提到，我们的研究对象有三种不同类型的孩子：因身体缺陷而自卑的孩子；只会索取不会给予的被过度宠爱的孩子；不懂得关注他人和集体的惹人厌烦的孩子。但我们研究生命个体的案例时，总是能够敏锐地从孩子的某个生命历程中发现问题，确认这些经历让他们充满挫败感的原因。在这里我要提醒大家，要特别关注独生子女的成长历程。当弟弟或妹妹出生以后，老大总会带着感伤，怀念自己曾经是全家的中心人物的美好时光，而老二则会拼命往前赶，想着如何才能超越哥哥或姐姐，成功赢得全家人赞赏的目光。如果老大是一个能力特别强的孩子，那么老二就会陷入自我设定的目标无法达到的泥沼里，苦苦挣扎。

我们从过往经历中找寻踪迹，而这些蛛丝马迹却给了我们莫大的帮助，让我们找到了一面认识这些孩子的镜子。让我们逐渐知晓为什么这些孩子不被我们的世界所接受，为什么他们不懂得关怀集体和他人，解开这些谜团的钥匙就隐藏在孩子幼儿时期的记忆碎片里。那些模糊的、隐晦的童年记忆，散落在孩子的成长路上，每一个部分都被他视若珍宝，不可忽略。

对他人而言，这些零散的记忆碎片也许毫无意义，但是对于个体心理学家来说，这些碎片存在的价值截然不同。一个人的个性特征、处事风格与久远的童年记忆在本质上是有关联的。我们可以从他的处事风格上预测他属于哪种类型的孩子。这听起来不可思议，但它却是事实。我们的任务就是将现在的行为和过去的记忆连接在一起，从这些久远的童年记忆中找到他们产生自卑或生病的根源。

我们可以举例来证明久远的童年记忆和现在的处事风格之间的关系。比如，有孩子说："我看见过一棵圣诞树，装饰得特别漂亮。"这句话并没有特殊的含义，但对可视物特别感兴趣的孩子来说，这种类型的记忆会在他的脑海里留下无比深刻的印象，未来可能会表现出对颜色（绘画）的偏爱。再比如，有人提到自己生病时有多痛苦，身体遭受了很多折磨，这说明童年时的生病经历在他心中留下了深刻的印记，有这种记忆的孩子会对疾病特别感兴趣，以后可能会成为一名医生。当我们听到有孩子说"我和母亲一起去某个地方"这类的童年回忆时，我们不难推测出这是一个曾备受家庭宠爱的孩子，所以母亲成为他记忆中不可或缺的形象，他没有办法把母亲跟自己的童年记忆区别开来。

但是值得注意的是，这些散落的记忆碎片并不总是那么清晰地摆在我们面前，它们也没有规律可循或者能用公式推导出来，必须依靠我们自己找到各个碎片之间的相通之处。如果有一个孩子告诉我们："我记得我和母亲住在乡下，父亲没有跟我们在一起，他住在城市里。"这背后隐藏着什么样的信息呢？他其实想告诉我们，在他的潜意识里，母亲是无私的，可以为了孩子奉献一切，全心全意地陪伴他，而父亲却做不到这一点。假如这个孩子是一个被家庭溺爱的孩子，当他的父亲不再溺爱他，反而用非常严厉的方式教育他，那这样的解决方式大错特错，只会加剧他对父亲的排斥心理。

有些记忆碎片也是充满矛盾的，在被家庭溺爱的孩子身上体现得尤为明显，我们应该重视隐藏在记忆中的线索，它很可能会为我们揭秘这些孩子在弟弟或妹妹出生前后发生变化的原因。对孩子而言，这是十分痛苦的回忆，他们觉得自己对当时的处境难以忍受，逐渐表现出对弟弟或妹妹强烈的嫉妒心理，他们自认为不再受宠溺的根源就是弟弟或妹妹的出生。这些特征虽然是很隐蔽的，但是会一直存在于他们的脑海中，甚至持续到老年。

那些曾经历过生活中重大变故的孩子则认为："一切都是注定的，我们做什么都是没有用的。"如果有人觉得自己是不受欢迎的，那么他的童年回忆就会有这样的片段："我现在还记得小时候父母打我的感觉，那种疼痛，我一辈子也忘不了。"如果"我记得我曾遭受过严苛的惩罚"这样的认知从小就伴随着他，那么他会挑选出这种记忆片段也无可厚非，小时候被打的记忆碎片就有了十分重要的意义。挨打只是事件的表面，而我们能够透过表面找到背后的真实心声。

我记得有这样一个案例。

一个智力健全的男孩在学校的成绩和表现都十分优秀。但是他十分内向，极度缺乏自信，没有安全感，总觉得身边人对他充满了敌意。他对童年的记忆是："父母经常带着哥哥出去玩耍，留我一个人在家，而我会坐在窗户边上静静地望着他们从窗前经过。"他还记得："有一次我非常生气，发狂似的冲向母亲，撕扯她的头发。"小时候的他身材矮小，体弱多病，与长相英俊、身材高大的哥哥比起来，他感到非常自卑。而母亲对哥哥格外偏爱，不管哥哥做什么事情，母亲都会夸奖哥哥，因此他感到非常伤心。

在他四岁那年，妹妹出生了，妹妹乖巧懂事，深得母亲的喜爱，而他觉得自己就像一块夹心饼干，夹在两个比较讨喜的孩子中间，心里十分难受。家里的保姆对他也比较严苛，所以他很快就放弃了在母亲面前获得宠爱的打算，把渴求关注的目光投向父亲。渐渐地，一些生活琐事使母子之间的关系变得更为冷淡。而他与父亲的关系却越来越近了，父亲待他宽容友善，逐渐地取代了母亲在他心目中的地位。

通过他的描述，我们知道这个男孩对女性有了偏见。如果再了解深入一点，就会发现这个偏见对他的人生有着深远的影响。

当这个男孩长大成人以后，他对待异性的态度已经定型，反而对自己作为男性的角色没有那么在意。后来他觉得自己爱上了一个女孩，当时女孩还有另一个追求者，女孩在两人之间犹豫不决，最后女孩选择了他的竞争对手。当他知道这个消息时，他没有悲痛欲绝，反而如释重负。

上面所讲到的关于他的童年记忆都是非常重要的线索，这些记忆片段和我们的猜测完全吻合，由此可见，我们的推断是正确的。有的男孩提到自己常常梦到被动物追着撕咬，由此我们可以看到他将世界看作怪物，自己则是被怪物追着猎杀的野兽。有的男孩说自己在梦中经常赤裸着身体，这代表他不喜欢别人看透自己，想在别人面前保持神秘感。不管是什么样的记忆碎片，我们都能找出孩子成长的轨迹，以及在成长的过程中他们累积了多少应对的准备。如果我们发现孩子从童年开始，就承受了那么多与自己的年龄不相符的压力；如果我们清楚地了解了这些问题，我们就会对他们多一些理解、包容和关爱。

并不是所有的童年记忆都符合事实，有些可能是自我幻想出来的。我有一个与自己的真实生活密切相关，却是充满幻想的童年记忆。

　　我的人生经历非常坎坷，三岁时，弟弟在我身边离世；四岁时，我得了一次肺炎，治疗过程异常艰难，最后我竟然奇迹般地痊愈了，医生都觉得不可思议。这些经历让我很早就对死亡的问题产生了浓厚的兴趣。

　　有一次同学的父亲问我："你长大后要做什么？"当时五岁的我回答说："我想当一名医生。"当时我正在上小学一年级，学校位于彭清市的迪斯特巷。我记得当时上学路上要经过一座墓园，每次走这段路时，我都会觉得心情极度压抑，但我的同学总是很开心的样子。我不愿意接受自己和同学之间的差距，于是我做了一个重大决定，让自己尽快摆脱这种恐惧感。当我再次和同学一起经过墓园时，我让同学先离开了，独自一人留在了墓园。我把书包挂在旁边的栏杆上，一开始我很害怕，在墓园里快速地来回奔跑，渐渐地放慢速度，直到最后悠然地在墓园里散起步来。当我觉得自己已经完全不害怕的时候，我就背上书包，离开了墓园。

　　这段记忆一直保留到我三十五岁，并且我一直引以为傲。直到后来，我遇到了一位小学同学，我们谈起了童年趣事，这段记忆突然就出现在了我的脑海里。于是我问他："我们小时候上学经常路过的那个墓园现在还有吗？"同学想了很久，然后肯定地告诉我："那里从来没有墓园。"关于墓园的记忆，在我的脑海中却是如此清晰真实。这个时候我才明白，原来整个故事都是我幻想出来的。我需要通过幻想出来的经历证明自己是勇敢的，在困难面前是充满斗志的。这证明了孩子需要适当的方法去克服困难。但幻想出来的虚假经历并不是毫无价值的，它是心理训练的一部分，让我在现实生活中能够冷静地面对死亡，不惧怕，不逃避。

这似乎是一个很有趣的新发现，我们可以从孩子各种各样的幻想中找到许多正能量的部分，发现孩子渴望自由、摆脱压力时会采取的方式。于是我们才可以用包容和理解的态度去看待许多孩子喜欢谈论的幻想。例如，有些孩子的幻想可以看出他们对身边人的关注和爱，他们希望自己变得富有，能够帮助更多的穷人，他们希望世间不再有苦难，永远和平富足，这些与金钱相关的幻想大多数发生在现实生活中家境拮据、窘迫的孩子身上。

有些孩子的幻想与英雄人物有关，他们身体虚弱，无法独立克服困难，对能自我解决问题的人充满了羡慕和崇拜。他们会把自己幻想成一位英雄，可以带领军队打败敌人，还能俘获一大群的俘虏。

有些孩子的幻想则大大超越了现实，例如，幻想自己上了天堂或是进入童话世界，这样的孩子内心有一个强烈的愿望就是超越人类可能达到的境界，去实现自己在现实生活中根本达不到的完美的目标。

有些孩子的幻想与自己的身世有关，他们总是梦到自己不是父母的亲生孩子，是因为一些意外来到他们身边，等一段时间之后，他们就会被送到自己原来的富裕家庭。这样的孩子普遍对自己的生活状况不满意，希望过上更为富有而自由的生活。

有些孩子的幻想更离谱，他们期待着自己变成与某一个知名人士有血缘关系的孩子，比如城堡主人或伯爵王子等。我曾经认识一个园丁的孩子，他坚持认为自己是伯爵或王子的后代，但幻想总有破灭的一天，当认清现实时，他们会变得特别沮丧。有个男孩曾经幻想自己不是父母的儿子，只是因为某个原因而被迫离开自己的亲生父母来到了这里，他的父母听到这样的话十分难过，觉得不可思议、难以接受。

有些孩子的幻想是浪漫的，例如，一位女孩因意外失足落水，恰巧被路过的一位长相英俊的男子救上来了，从此女孩对男子非常崇拜，一见钟情，两人开启了一段浪漫的爱情故事。在这样的幻想里，我们看到了女孩渴望得到他人的欣赏和认可的心理。

　　这些以童年记忆的方式存在于人们脑海中的幻想，有着不能忽视的存在意义，我们可以从幻想、白日梦以及童年记忆中确定孩子表现生活勇气的程度。我们甚至可以让孩子写一篇作文，题目是《我的恐惧》，从文章中我们可以发现很多有用的信息，从而帮助我们去认识一个孩子的处事风格。

第六章　童年回忆与梦境

——如何让孩子拥有面对挫折的勇气

【童年回忆】

一个六岁半的小男孩说："我在四岁那年，曾经有过一次溺水。"

这个回忆的信息告诉我们，小男孩曾面临生命危险，而我们关注的重点是这个孩子会从这段经历中得出什么样的结论，当他回忆这件事情或别人问起他这次经历时，他能想到什么，他的关注点在哪里。这段经历在他的记忆中如此清晰，说明溺水让小男孩看到了生命的脆弱，没有人知道这个意外会如何影响孩子的世界观。这段记忆让小男孩拥有了处事谨慎、时刻提防危险的意识，也让他一辈子都记得这段不愉快的记忆，成了他生命历程中很重要的一部分。

大多数的孩子在成长的过程中都会遭受挫折，遇到危险，并对生活中带来危险的事物倍加关注。这是一种自我保护的本能反应，可是在很多情况下，这种本能反应被夸大了，从而给他们的生活带来了不一样的影响。比如，爱干净是一种好习惯，可是如果一个人每天只关注周边环境是否干净，是否一尘不染，那这种洁癖就会破坏生活的和谐。因此我们必须了解如何将严谨的处事态度和谐地融入自己的生活，不能一味地关注甚至夸大可能的危险。过分的怀疑和担忧会导致在前行的路上顾虑重重、犹豫不决，给自己的生活带来重重困扰。

如果我们对小男孩做进一步的引导和询问，他会回忆起经历过的无数个危险的情况。这些清晰地留存在记忆中的片段非常重要，它们是重要的提示和线索，可以帮助我们整理思路、得出结论。如果孩子的最终描述是"我现在已经完全不害怕会溺水了"，那我们就可以得出另外一种推断：他知道前行路上的危险是存在的，但是他不害怕，并且确信自己有能力可以解决这些问题。

因此，我们要努力地引导他们回忆记忆中的各种信息，将它们一一串联起来，形成我们的判断依据，这有助于我们更深入地了解孩子的内心世界。

有一个小男孩清楚地记得他两岁时发生的事情：

"我睡觉时需要的安抚奶嘴被父亲拿走了，我开始
大声哭闹。"

　　对男孩来说，放弃自己原有的习惯是一件十分残忍的事情，
但父亲必须这样做。直到现在为止，这个男孩在各种环境中都会
保持戒备与警惕，他认为随时都会有人抢走他拥有的东西。他不
得不竖起耳朵，时刻关注身边人的动向，以保护自己的东西不被
抢走。如此一来，他变成了一个心中只有自己，一刻也舍不得把
注意力从自己身上移开的孩子。

　　另一个小男孩记得：
　　"有一天，我和妹妹在玩耍，妹妹却突然开始大哭，
我一看是妹妹尿床了，我不知道怎么处理，就跑去找父母，
请他们帮妹妹换床单。"

　　在小男孩的心里，他是妹妹的保护神，要代替父母照顾妹
妹。通过对他后来的一些童年记忆分析，我们发现他有照顾人的
品质，他不仅会照顾妹妹，同样也会照顾身边其他人。由此我们
看出这个小男孩与前面两个孩子的区别：前面两个孩子只想到自

己，他们并没有做好参与集体生活的准备。而在这个小男孩身上，我们看到了他已经具备参与集体生活的条件，他不仅考虑到自己，还会关注身边的人。虽然我们也发现他有期待通过自己的表现去超越其他人的想法，但是我们觉得这样的期待是具有正能量的，因为它能帮助小男孩朝着积极乐观的一面发展。

另一个男孩的童年记忆：

"两岁的时候，我第一次坐车去普拉特公园。"

如果男孩是家中的第一个孩子，排行老大，那么可以由此推断他性格急躁，有好胜心，追求完美，做什么事情都要得到第一名等性格特征。如果他在家中排行老二，那这段记忆就只能让我们判断出坐车外出这件事情让他很高兴，并且他对运动着的事物很感兴趣。例如，他会非常喜欢田径、赛车、游泳等速度型运动。当然，光凭这一个记忆碎片我们还不能做出准确的判断，需要通过进一步的了解才能确认，或者发现推断的不足之处。

一个三年级小女孩的回忆：

"在我四岁的时候，我还不太擅长画画。"

这句话没有什么特别之处，但我们想知道为什么小女孩会提到画画这件事情，可能是因为她对画画感兴趣，也可能是因为她在画画这件事情上有过抗争。

小女孩继续回忆道：

"我非常喜欢画人物肖像，但母亲认为我把人的鼻子画得像黄瓜一样，又细又长，很难看，我没有反对母亲，只是不停地画着。"

这一次她又在经历了一番斗争之后，用自己不懈的坚持获得了胜利，从此这种处事的方法就成了她的人生信条：只有打起精神与困难做斗争，不放弃，才能取得成功。

小女孩接着说：

"不久后，我画了一幅自我感觉特别满意的人物肖像，我把作品拿给母亲看，母亲这次没有批评我。从这天开始，我能画出非常漂亮的人像，我会永远记住那一天，那是我人生中最重要的时刻。"

另一个小女孩的记忆：

"在我两岁的那年，我们一家人去了乡村生活，在这里我们很高兴，我们伴随着音乐声开始跳舞，后来别人都停下来了，但我还在继续舞蹈。"

这个信息说明女孩很喜欢乡下生活，她对音乐特别感兴趣，有一定的节奏感。她还会去关注身边其他人的行为，想得到别人的关注，甚至是赞美和夸奖。

"有一位阿姨带着她的女儿朝我们走过来了，我主动跑过去了，我很开心地咬了她的手。"

我们可以发现小女孩很喜欢团体生活，愿意与人交流和沟通。但我们不确定她是不是真的已经具有集体意识了。因为我们发现这个小女孩在向别人描述她做的事情时，会精心地美化一番。即使是做了让别人不开心的事，她也希望自己的形象能得到他人的赞美。

"然后那个孩子哭了，我跑向了母亲。"

显然，她是一个备受家庭宠爱的孩子，一直是众人关注的焦点，这养成了她争强好胜、乖张骄纵的性格。

一个小学四年级女孩的回忆：

"在我两岁半那年，家里突然多了一个小妹妹。"

这对她来说不是惊喜，而是一场悲剧的开始。我们能感觉到她的戒备心理，以及她对刚出生的妹妹的敌意，因为自己中心人物的地位已经不复存在。

"我并不快乐，我觉得母亲更喜欢妹妹。"

这是一条重要的信息，与我们之前的推测完全相符。我们明显地感觉到女孩对妹妹的嫉妒，她始终担忧妹妹会比她表现得更好，从而完全夺走家人对她的关注。

"我对妹妹很不友好，我会打她，然后妹妹哭了，母亲就安抚她，拿东西给她吃。"

我们可以非常肯定地推测，到目前为止，她都认为自己是一个不被家人重视的女孩。她不自信，总是认为身边人会超过她。这是一种极其危险的想法，会让女孩在自卑、无助的道路上徘徊不前，没有信心和机会去发现那个更优秀的自己。

"后来，妹妹睡了，我就不再管她了。"

直到女孩的潜意识认为对手已经偃旗息鼓，她才可以稍微放松下来。

如果这个孩子总觉得没有安全感，担心身边的人居心叵测，那么不管是在学校成为集体中的一员，还是成年之后与他人组建家庭，她都会用戒备的目光打量自己身边的人，害怕被别人赶超，害怕未知的情况打乱她的生活节奏。她会心神不宁，经常处在揣测身边人心思的焦虑里。

一个九岁女孩的回忆：

"三岁时，我特别怕我的母亲，我不喜欢和她待在一起，因为她总是喜欢戴一顶黑色的帽子，看起来像一个妖怪。我喜欢姐姐，更愿意跟姐姐在一块玩。"

一般来说，孩子小时候都愿意跟母亲待在一起，是亲密无间的，而这个女孩却不愿意亲近母亲，很显然一定发生过一些事情，让女孩与母亲之间有了隔阂。在她的回忆中，她对母亲充满了责备和不满。这不禁让人好奇，她与母亲之间究竟发生了些什么？可能是家里有了弟弟，她不再是最受宠爱的，觉得自己被抛弃了；也有可能是母亲本身就是一个爱唠叨的人，当孩子慢慢长大，有了叛逆心理，母亲的唠叨让她产生了反感；还有可能是母亲没有办法亲自照顾自己的孩子，她患了很严重的疾病，比如癫痫，不得不把照看孩子的任务交给保姆或者阿姨、奶奶等人。到底是什么原因导致这个孩子跟母亲之间产生隔阂，我们还要继续深入了解。

　　"弟弟刚出生的时候大声哭叫，我很生气，让母亲把弟弟再塞回肚子里去，他这么吵，我不想要他。"

她的反应完全在意料之中，从弟弟出生开始，她就讨厌弟弟。

　　"有一次姐姐对我说，如果我不听话，就会把我送

到很远的地方去，再也不让我回家，我听了非常害怕。"

我们可以把这些记忆串联起来，看过程是否与我们的推测有不一致的地方。在这段记忆中，姐姐给妹妹制造了恐惧，在女孩的回忆中充满了对姐姐的埋怨和责备。根据这个信息，我们不难看出这个女孩喜欢抱怨，喜欢在别人身上寻找问题。

"有一次，我看到家里来了一位举止优雅的女性，我以为是客人，当我走进一看，才发现这位女性是姐姐假扮的。"

在女孩的回忆中，姐姐虽然进行了精心的装扮，但还是被女孩认出了客人是姐姐假扮的，识破了姐姐的骗局。我们从中看到了批评的态度，甚至还有一丝不屑一顾的轻蔑。女孩不会轻易地相信他人，对身边的人充满了戒备和质疑。从女孩的行为中，我们可以清楚地看到母亲在她的心理特点形成过程中，占据了至关重要的地位，同时也可以推测女孩属于视觉类型的人。

前面我们已经跟大家交流过孩子的想象力，童年时期的孩子对于职业的幻想也是非常重要的信息，它可以让我们找到孩子感兴趣的东西，同时也是表达自我的一种方式。有时我们会发现处于少年时期的孩子对未来还没有规划，甚至从没有想过自己的未来，这不是一个好现象。

多年以前，我们曾向老师们提建议，可以给学生布置一个作业，写一篇文章《我的未来》，这样的作业用主动引导的方式去激励孩子思考，哪怕是写出"我不知道"这样的答案，也是有意义的。促使他们去关注这件事，去反思为什么自己没有这个问题的答案，这本身就有存在的价值。我们也可以把这个题目改成《我梦想从事的职业》。如果我们对孩子曾经的梦想进行一个排序，就会发现他们是如何一步一步去修正自己的目标，更清晰、更明确、更强烈地表达自己的愿望，成就更好的自己。

当然也有一些例外，有些孩子会这样描述："小时候，我想成为一名将军，后来想当警察，最后我想和父亲一样当一名司机。"从这段描述中，我们会发现这类孩子是如何在困境面前失去自己的勇气，并缩小自己的梦想范围的。而青春期的少女会这样写："我曾经想成为一名舞蹈家，后来我改变主意了，想当一名演员、歌手或是老师，后来我又想拍电影，最后我想当一名家庭主妇。"不断变化的梦想会让你清晰地看到一个孩子成长的心路历程。

【孩子的梦】

　　一套完整的心理检查程序必须包括对梦境的解析，梦境这个话题由来已久，跟人们的生活息息相关。我们能找到许多解析梦境的书籍，最新的观点是将梦境解释为对自己未来生活的一种展望。在过去的几十年里，有两位学者为解析梦境做了大量的研究工作：一位是罗伯特，他的名字很少有人知道，但他对梦的解析做出了巨大的贡献，他认为梦境反映了人的个性。另一位是歌德时代的利希滕贝格，他曾经说过要想真正了解一个人的性格，他的梦境解析是必不可少的一部分。弗洛伊德也对梦境的解析做出了巨大的贡献，但他对梦境的看法并不完善，我并不认同他的观点。

　　人为什么会做梦却又不明白梦的意义？为什么我们在梦境中没有办法控制自己？为什么有时候我们完全不把梦境当一回事，不知道该如何对待它。个体心理学在梦境解析这个领域迈出了坚实的一步，有了重大发现：经常做梦的人是因为现实生活中有无法摆脱的心理和情感的重担，所以才在梦境里表现出来。如果我们能够发现这些在现实生活里已经存在的情绪重担，就能明白梦境出现的原因。如果我们不对梦境进行分析，不去了解梦境，它所产生的情绪就会滞留在我们的脑海里，并且对我们现实生活中的行动产生影响。

　　让我们举个例子来证实一下吧，比如有人做了一个特别可怕的梦，第二天会因为梦境的内容而觉得心有余悸，似乎从梦境中得到了一种暗示，梦境已经为他做出了选择。考试即将来临，一个对考试没有信心的人，可能会梦到自己掉落山谷，这个梦境将他对考试的紧张和害怕的情绪进一步强化。第二天想起这个梦境，他会没有勇气面对考试，甚至不敢去考试。另一个信心满满的考生，梦到自己策马奔腾在草原上，一座金碧辉煌的城堡突然出现在眼前，喜悦和开心的情绪让他更有自信，并深信这个梦境是考试取得好成绩的预兆。这个人会以轻松愉悦的心情从梦中醒来，并以更自信、更阳光的心态勇敢地去参加考试。

第七章　梦境理论

——如何帮助孩子战胜失败的恐惧

让我们来梳理一下梦境和做梦者之间的关系：第一种关系，做梦者在生活中需要做出的某一个决定，与自己本身借助梦境中出现的意向处事的态度相矛盾，梦境的任务就在于制造一种情绪，好让做梦者在梦境中达成自己的真实想法。第二种关系，做梦者会借助梦境中出现的意象或记忆，为自己的选择寻找合理化的解释，从而减轻心理负担。第三种关系，做梦者倾向使用比较和比喻的方式来为自己在现实生活中所做的决定补充证据，从而增加实现目标所需的信心。

　　从以上几种关系中我们能总结出一个观点，那就是做梦者需要借助梦境来达成某种心情或情绪的营造，以便能够朝着自己认定的目标前进。因为这个目标一旦运用逻辑与理性去判断，就会让自己失去继续前行的勇气。做梦者在梦境中是自由的，现实生活中的种种无法影响、控制他。梦境中做出来的选择是具有倾向性的，白天经历的事件会在梦境中得到体现，虽然只是一些零星的、模糊的碎片化记忆。在梦境里，为了让结果与自己心中所想的达成一致，做梦者会借助某些意象，引导梦境朝这个走向去发展。

由此可见，我们也可以从梦境中窥见儿童或成年人在现实生活中的处事风格。这并不意味着我们相信梦境传递出来的所有信息，但是这些信息确实是与做梦者现实生活中的处事风格高度一致的，能够帮助我们更好地去理解和认识做梦者的某些行为。我们还可以通过其他的渠道，获取一些有效的信息来佐证这个观点的正确性。

做梦者还有一种简化问题的方式，就是不去考虑整个问题，而是只关注问题的某一个方面。这样做会让人产生一种错觉，好像一个方面就能代表整个问题。实际上这只不过是做梦者为了制造效果、营造情绪，而采用的一种自我欺骗与陶醉的手段而已。是不是只有在梦境中才会有这样的行为呢？其实人即使不是在清醒状态下也会有类似的举动，这一点我们可以用很多日常生活中观察到的现象来证实。比如一个小男孩不想游泳，甚至根本就不想下水。人们试图改变这种情况，就会对小男孩说："没关系，不要害怕。游泳就是弄湿身体而已，你可以尝试一下！"这句话的潜台词是你尽管下水，唯一会发生变化的是身体弄湿，其他一切都不会改变的。做梦者也是如此，他们常常只会在梦中挑出一个要点，而忽视其他所有的因素。如何肆意地夸大某一个方面，其实是想有意识地把问题简化、压缩。

怎样通过梦境来了解孩子对待自己的任务的态度呢？我们研究了很多做梦者的案例，并将从中得到的结论与我们从白日梦、幻想或者童年记忆中所获得的信息做比较，以此来辨别梦境中得到的信息到底有何特殊意义。

有些非常典型的梦境会重复出现，也许这个梦境出现的时候，与之相关联的事件各不相同，但是通过梦境所营造的心情是相同的，在其他方面的相似度也很高。例如，经常会有人说梦见自己从高处往下掉的"下坠梦"；而有些人则会在梦境中十分"投入"，甚至会从床上掉下来。梦境强化了这样一种情绪，好像有声音不断地提醒他："注意！不要越界，不要做出格的事，你现在的处境已经非常危险了，一不小心就有可能一败涂地。"根据反复出现的梦境，我们可以得出一个结论：现实生活中的大多数人都不够勇敢，处事太过谨慎，畏首畏尾，如果他们尝试着勇敢一些，那么他们的生活经历可能会完全不同。

还有一种常见的梦境是"飞行梦"，这类梦可以看作做梦者追求自我优越感的一种暗示。做这类梦的孩子在现实生活中经常会有不切实际的想法，只能靠梦境中出现的超能力去实现。"飞行梦"有时也会连着"下坠梦",好像在告诉我们:飞得越高,摔得越惨。

另外一种常见的梦境就是"追赶梦",做梦者常常梦见自己被人或动物追赶,在梦中他们往往身处危险的境地无法逃脱。这种梦境通常会被人们称为噩梦,做梦者感觉十分真实,常常让他们误以为自己梦境中的一切是真正发生的,好像真有一股难以抵抗的力量在阻挡他们脱离梦境。这种梦境反映了做梦者的天性,他们不够自信,有严重的自卑感,自以为很弱小,而背后总有一个虎视眈眈的强者存在。

我们也经常听到十分普通的梦境,例如,错过火车或大巴车,这些车就在眼前飞驰而过,想追却迈不开腿。这些做梦者总是长吁短叹,认为不幸的事情总是围绕在自己身边。也有可能是做梦者在现实生活中刚好处在一个困难的阶段,他想通过梦境摆脱无法完成的任务,减轻自己的负担。除此之外,"考试梦"也很常见,过去人们认为它是一种令人担忧的信号,因为"考试梦"会带来一种很令人窒息的恐怖感,会带来烦躁的情绪。上述种种就是经常会出现在人们身上的典型梦境。

这些反复出现的梦境会清晰地显示做梦者的性格,如果我们能够正确地关注梦境、理解梦境,就能找到那座连接现实与梦境的桥梁，从梦境中得到重要的信息，对做梦者现实生活中的处事风格做出相对准确的判断，帮助他们解决许多问题。

有趣的是，有些人经常做梦，有些人很少做梦，也有一些人从不做梦。为什么会有人从不做梦呢？因为他们不喜欢用梦境来麻痹自己，不会撒谎与欺骗，不愿意陶醉在自我设定的情绪里，他们不想被情绪所控制，甚至根本不在乎个人的情绪感受。还有那些对自己目前的处境已经完全接受的人也不做梦，他们不愿意改变现状，也没有能力去解决自身的问题。而在现实生活中感性大于理性的人比较容易做梦。有些人的梦境很简短，那意味着做梦者已经找到了解决问题的简易方法，并且下定决心达成目标。有些人的梦境漫长又复杂，这意味着做梦者还没有找到解决办法，没有保持一种稳定的心情。

下面我想给大家提供几个孩子的梦境，与大家一起探讨。

一个三年级男孩的梦境：

"我很少做梦，不管是白天还是晚上。"

这个男孩清楚地知道自己需要什么，对自己前行的方向很明确，他关注现实生活中的信息，头脑清醒，不容易上当受骗。

　　"有时候我会幻想，我长大以后迎娶的女孩子是什么样的？"

这个孩子的目标很明确，而且有强烈的信念。

　　"我对一个女孩一见倾心，如果有一天她要和别的男人结婚，我肯定会把她抢走。"

我们看得出他十分重视与喜欢的女孩结婚这件事，而且想得很全面，准备工作也做得很充足，甚至做好了誓死捍卫自己的梦想的打算。

　　一个四年级女孩的梦境：

　　"我做了特别一个可怕的梦，梦中的我站在一个荒凉、阴森恐怖的大厅内。大厅内有两扇大窗户，透过窗户，我看到一个人穿着长长的白袍正在四处游移，他既没有眼睛也没有头发，看起来十分吓人。但我能感觉到他一直在盯着我，我想大声尖叫，却发现自己根本发不出声音。突然间，我看见了我的父亲，他看起来很年轻，

与我印象中的他不一样，留着棕色的胡子，长着四条腿。

再后来的事情我就不记得了。"

这个梦尽管复杂，但隐含的意思很明显。这个女孩想起了已经离世的亲人，于是她在思考如果现在还陪伴着自己的亲人也去世了该怎么办。父亲在梦中看起来很年轻，是因为女孩想安慰自己，父亲还能陪伴自己很长一段时间，距离死亡还很遥远。她似乎很担心父亲去世后自己该怎么办，从这一点我们可以判断出女孩很喜欢父亲，与父亲的关系应该比母亲更亲密一些。针对这部分我想说明，有些心理学家认为这样的梦境传递出孩子希望父母死去的愿望，然而我不这么认为，我从未在这类梦境中发现任何对他人死亡的期望，这个梦只会营造一种因亲人离开而痛苦不堪的心情。孩子想到未来，想到如果父亲去世，自己该何去何从。可是她又马上平静下来，因为她想到父亲虽然有一天会离开自己，但幸运的是父亲还年轻。女孩在梦中看到父亲有四条腿，可能是一种父亲在生气时骂人是驴或是牛的比喻。我不确定这个信息里是否还有其他含义。

　　一个四年级女孩的梦境：

　　"我曾经梦见有个男人想把我扔到水里，突然出现了一位天使救了我，她紧紧地抱住我，对着男人大声喊道：'如果你把这孩子扔到水里，你就死定了。'然后天使把我和我的父母一起带到了天堂，那里真是美轮美奂，让人陶醉。然后我就醒了。"

　　这明显是个极度缺乏安全感的孩子，她在借助梦境表达自己寻找依靠的渴望。女孩与梦中出现的这个男人处在一种危险的状态之中，男人想推女孩入水，暗示着女孩觉得身边有恶人存在，这样的人时刻伺机对她实施伤害，所以她身边必须有一位天使保护自己。当女孩与天使一起上天堂时还带着父母，这说明她无法割断父母与她的联系，在现实生活里她是个备受家人宠爱的孩子。

　　"我在梦境里还见过一只特别大的泰迪熊，我非常喜欢。"

　　我们可以假设女孩属于视觉类型的人。

"我梦见了圣诞树，树上挂了很多糖果，当我想从圣诞树上摘糖果时，门突然打开了，一只怪兽跑进来了，然后又马上出去了。"

这个信息显示女孩对所有食物都有着浓厚的兴趣，怪兽暗示着现实生活中曾有人对她吃零食的举动提出过警告。

"后来，圣诞树和泰迪熊都消失了，母亲出现了，还在我的脸上吻了一下。"

不可否认的是，她是一个非常依赖母亲的孩子，在她的心里有着一个个美好的愿望，而那些愿望都投射在这棵巨大的圣诞树上。她贪婪地寻求着关爱，她现在所拥有的一切不能满足她的要求，她最想要的是母亲能给她一个甜甜的吻。

一个就读于女子学校四年级女孩的梦境：

"我和父亲一起去散步，我们走了好久好久，却总也走不到路的尽头。"

在梦境里，这个孩子依然有着无法摆脱的不安全感。似乎无论付出多少努力，都距离自己的目标十分遥远。

> "我们找到了一间屋子休息，屋子里的所有东西都是银质的，我十分好奇，就一直盯着它们看，不知不觉睡着了。我梦到有只魔鬼把我们抓到一座山上，然后我们为了逃命，滚下了山坡。之后我就醒了。"

这真是个奇特的梦境，她居然在梦里睡着了。即便是在这时候，她依然摆脱不了如影随形的不安全感，不顺心的事情接二连三地出现，到了一个地方就马上遭遇困境，危险逼着她不断地逃离，她没有办法在任何一个环境中停留。在她的潜意识里，她觉得自己就是一个彻彻底底的倒霉蛋，诸事不顺。既然都会失败，何必还要努力呢？

> 一个十二岁男孩的梦境：
>
> "前几天前我做了一个奇怪的梦，梦中的我是名锁匠，而且没有家人的陪伴，是个孤儿。"

我们猜测这个孩子是在思考将来可能会发生的事，这也许是藏匿在他内心深处的隐隐的担忧。

　　"我和一位漂亮的女士住在一个小房间里，她长得像我母亲。"

通过了解，我们发现他现实生活中真的是一名孤儿，他根本没有办法接受母亲已经离世的事实，他借助梦境说出了自己最真切的愿望。

　　"有一天，那位漂亮的女士给我送早餐吃，我高兴得跳了起来，因为我认出她就是我的母亲，然后我马上就醒了。"

男孩认为如果母亲没有去世，还像以前一样好好地陪伴在自己的身边，为他准备早餐，自己就可以生活得无忧无虑。

到目前为止讨论的梦境，除了那个想击败强者，迎娶心仪的女孩的男孩以外，其他的都是缺乏勇气的孩子。我们在这些孩子的梦境与回忆中，能清晰地感受到这些孩子内心柔弱，不断受到恐惧等各种极端情绪的折磨，在现实生活里总是想到危险与失败。这些情况导致他们在面对困难的时候，不会尝试用多种方法解决问题，而是会借助梦境逃避困难，或是用戒备的心态在旁边观望。一个人会如何看待自己生活的所有问题？如何处理这些问题？他想从中得出什么样的结论？综合上述这三个问题可以大致得出一个人基本的处事风格。而用这三个问题去审视这些孩子的行为，就会发现他们身上的世界观有问题。我们必须帮助他们树立正确的世界观，战胜恐惧，勇敢地挑战自我。

第八章　不同梦境的意义

——如何培养独立、自信的孩子

我们一起来分析一下这几个孩子的梦境。

一个九岁小女孩的回忆：

"有一次放学之后，一位阿姨来接我，她是我的邻居，她帮我穿上她女儿的衣服，我跟着她一起走了，在她家里等母亲来接我。"

我们发现这段记忆透露的信息很有意思。这个孩子有很严重的依赖心理，是一个被家人溺爱的孩子，需要有人帮她做好一些事情。在这个孩子的自我认知里，自我感觉能力很弱，什么事情都做不好，有很强烈的自卑感。

"我不敢独自出门。"

我们可以确认她是一个缺乏自信的孩子，并且对周围环境有着强烈的不安全感。

幸运的是，女孩还有其他的童年记忆，可以帮助我们进一步确认女孩的处事风格。

> "我和家人一起去欧塔克林街散步，我的表妹还不会走路，只能坐在儿童推车里，我帮妈妈推着车子，结果车子翻了，表妹从车里摔了下来，连同儿童推车里的垫子也一起掉了下来。我被痛骂了一顿。"

小女孩和家人一起外出，她帮忙推着车子，这是她在独立完成一件事情，可是这个尝试以失败告终！这个记忆印在了她的脑海里，进一步证实了我们前面的推断。

> "有一天，母亲独自外出了，父亲在家照顾我，我却大哭不止，后来，父亲说母亲很快就会回家了，我才安静了下来。"

当小女孩的依赖对象不在身边时，她会有什么样的反应，这个记忆告诉了我们明确的答案。

"当我第一次吃香蕉时，我不知道怎么吃，直接带
着香蕉皮一起吃了。父亲看到后，帮我剥了香蕉皮，可
我又把吃到嘴里的香蕉又吐了出来，把香蕉抹在了脸上，
最后才把剩下的吃掉。"

　　这个记忆碎片很有意思，它再一次明确地告诉我们：当小女
孩独自一人面对任务的时候，她就会把事情弄得很糟糕，因为她
不具备独立处理问题的能力。

　　"我看到有一只小山羊从马厩里逃跑了，我很害怕，
不知道如何处理。"

　　我们猜测这个时候应该有一个神勇无比的人出现，帮她解决
问题。

　　"隔壁的小女孩把小山羊抓住了。"

　　你看，果然不出所料。她根本不具备独自解决问题的能力，
她总需要有人从旁相助，才能顺利摆脱困局。她在家里凡事都依

赖母亲，在学校也表现得很无助，期待着老师的关注和帮助。我们能从这些童年记忆里，得到很多有效的信息，帮助我们顺利地得出结论。虽然人的外表可能会改变，表达方式可能有不同，但是她的处事风格的本质特征不会轻易发生变化。在自我感觉舒适的环境下，自卑感会隐藏起来，一旦周围的环境发生改变，性格上的弱点或局限就会暴露出来。

这些已经固化在他们思维中的处事方式，是很难被察觉的，因为这是一个机械化的过程，这种独特的风格已经成为他们生命中的一部分。在日常生活里，他们利用这种处事方法去解决问题，若是能够应付自如，那么他们就根本不需要思考，只要按照平时训练的那样去应对就行了。可是一旦遇到难题，他们就会开始反思，若是在没有旁人引导的情况下，依靠他们自身的力量，反思的时候方向往往是错误的。他们会选择用许多匪夷所思的方式来达到自己的目的，也许会无意中破坏集体的规则，侵害他人的利益。这个时候老师若能够利用个体心理学的知识对孩子的表现做出准确的判断，并且能够成功地引导他们往正确的方向前行，就变得尤为重要。

问题儿童不知道自己身上发生了什么事情，不知道自己的行为方式有什么不妥，如果他们知道自己行为中的错误，并且知道这种错误源自哪里，那么就会有下面三个阶段：第一阶段，他们会暂时出现一样的行为，他们在遇到困难时会向周围的人求助，知道自己的行为是错误的，也知道自己的行为成了一种习惯，难以改变。第二阶段，孩子们依然犯了错，但这时候他们处事的方式会有所改变，他们不仅会看到自己的错误，还会尝试通过审视错误的原因，向周围人求助，以帮助自己顺利地解决问题。第三阶段，孩子们慢慢减少自己的错误，在日常的生活中用更适合自己而且效果更好的方式来处理问题。

到了现在，纠偏工作已经接近尾声，不管是在家里还是在学校里，他们未来都会向正确的方向迈进，这个过程很重要也很艰难。但是我们发现：我们必须用专业的知识告诉孩子他们的行为有错误，这对孩子形成处事风格是否正确的认知过程来说，是最关键的第一步。

每个人都有独一无二的处事风格，这种风格会隐藏，但是不会消失，这就是他们内置的机械化。一旦人们开始注意到自己的某种行为方式是有错误的，就会中断原来的行为。

【拜金儿童】

"我是一个家境并不富裕的孩子，家里兄弟姐妹众
多。有一天，母亲对我们说：'孩子们，你们现在想要
多少钱都可以满足你们了。'"

这种白日梦通常发生在家庭经济情况困难的孩子身上，金钱
在孩子的心中有着非常重要的地位，如果家庭情况比较富裕，钱
就不会成为幻想的主题。

"我说：'我想要一栋房子，可以给我买吗？'母亲
说：'没问题。'没多久，工人就来了，为我建造了一
栋非常漂亮的房子。"

孩子肯定无数次幻想过重新建造一个家，也许因为她曾拥有
过这样漂亮的房子，后来家庭状况发生了变化，她却无法忘记曾
经存在于生命中的东西，所以特别强调需要房子。

"当房子建好以后，我买了世界上最漂亮的家具，

我又在报纸上刊登了招聘保姆的消息，许多人都来应聘，

我们从中挑选了一个合适的女孩，她叫乐天。"

这个孩子曾经一定拥有过非常富裕的生活条件，见识过有钱人的生活，也看过非常高档的家具。

"我去商场买了一件漂亮的真丝洋装，回到家后，

我向父母要了 1400 元。"

在她的叙述中，金额是非常明确的，她在告诉我们，她需要钱。有钱才有自信，有钱才能生活。她把金钱摆在了生活中的第一位，没有钱她就无法活下去。

"我拿着钱去买了午餐，顺便采购了很多零食。"

这个转折非常有趣，一个在生活中一无所有的孩子对金钱有着多么强烈的欲望，但是她有钱之后最先做的事却是买午餐。这个巨大的差异告诉我们，她对金钱并没有什么具体的概念。

　　"第二天，我把附近所有的孩子都请到家里来，把我的零食拿出来跟他们分享，然后我们在一起非常快乐地玩耍，天黑之后他们回家了。"

　　这段话给我们提供了非常丰富的信息，她不是一个自私自利的孩子，她渴望有朋友，希望与自己的朋友一起分享。当然，她也在能给予的这种感觉中找到了自信，找到了被人认可、被人崇拜的感觉。

　　在梦境里能给我们提供很多关键信息的碎片俯首可拾，但这些碎片中所呈现出来的情况是否属实，个体心理学家还需要通过很多新事物、新证据，通过对其他方面的仔细观察和研究谨慎进行进一步验证，而不是止步于片面的观察，做出可能失之偏颇的判断。

　　我在前文中曾提到过梦境的重要性，以及梦境在古代人们的生活中所起的重要作用。在《圣经》、罗马人和埃及人记录的历史资料中，我们可以看到梦境曾被赋予非常重要的意义，甚至成为一种神谕。当时的人们坚信：当一个人目标明确、信念坚定，并且知道自己要做什么的时候，是不会做梦的。只有做事拿不定主意的人才会做梦。

当一个人遭遇了困境，并且认为自己无法在现实生活中摆脱，需要通过其他的途径来解决这个问题的时候，梦境就出现了。在个体心理学家看来，做梦者可以随心所欲地创造自己想要的情境，让事情按照自己想象的模样去实现。实际上，梦境中与清醒的时候没有根本的区别。现实生活里，我们在试图说服自己去完成某项任务的时候，也要想方设法创造各种条件，并努力克服自己情绪上的畏惧心理。以契诃夫的短篇小说《塞壬》为例，一个原本恪尽职守的审判长被书记官描述的各种美味的食物诱惑了，强烈的饥饿感让他放下了手头正在进行的工作，去满足自己对食物的需求。

美食的诱惑力竟然可以大到让一位审判长放下手头的工作，离开自己的岗位。这种依靠情绪来控制人的心情的行为，并不是空穴来风。一个人的心理不仅受逻辑思维的影响，也会受到情感和情绪的影响，甚至会制造出与自身逻辑思考相矛盾的情绪。我相信很多人都有过这样的经历，在解决现实生活的问题时，有轻易放弃理性思考而感情用事的时候。我们也可以在清醒时去营造一种情绪，比如回忆一件伤心的往事，或者回忆自己亲密的人遭遇的不幸，那么我们的心情就会慢慢地与想要营造的这种情绪相吻合。同样，当我们以为自己置身于一个舒适的环境时，心情也会变得愉悦起来。比如，法国心理学家埃米尔·库埃希望用自我暗示的方法说服当事人，让他们相信自己的生活会越来越好，用这样的方式帮助他们恢复对生活的渴望，提高他们的生活智慧。我们也可以理解孩子往往喜欢把自己的情绪放在跟理性思维并不吻合的状态中，但这些情绪也有局限性，我们不推荐大家过于依赖一些特定的幻想或回忆的场景，去帮助他们营造某种情绪。例如，一个崇拜英雄的人会把自己置身在一个特定的环境中，盲目追随他人，去实现个人的优越感，并用一种具象化的方式去体现内心的情感。

一个失去自信的孩子，当他面对任务的时候，他的第一反应便是如何顺利地逃脱责任，于是他的处事风格就会提醒他表现出相对应的情绪与情感，如哭泣、愁眉苦脸等。另一个充满自信的孩子，他很想完成这项任务，就会尝试各种办法去克服困难，创造出相应的情绪与感受，如坚决、乐观等。

在梦境里，我们拥有一个无限自由的空间，它不由现实来掌控。当我们明确了某一个目标，你就可以创造出与它相对应的幻想和情绪。于是从梦境中醒来的你，这种情绪能够合理化我们的行动，坚定地走自己选择的路。每一个面临任务的人都会努力去寻找适合自己的一种感觉，属于自己的独一无二的感觉。当一个人因为一件事情心神不宁时，即便是躺在床上，这个问题也会在睡眠中继续困扰他，而且不会受到理性思维的控制。做梦者会在梦境中去寻找一些特定的意向，从而建立某种感觉，再借助这种感觉来证明自己选择的路是正确的。这是为了让自己找到理由去坚定地执行自己的想法，进而迅速采取行动。这种方式也进一步证明了我们的观点。

　　以我个人在战争时的经历为例，向大家解释如何在梦境中激发自己的情绪。

　　　　我是一家医院的院长，负责照顾因战争创伤引发精神疾病的战士们。当时这家医院非常受欢迎，我也很用心地对待这份工作，让情绪紧张的战士们在这里能够得到彻底的放松和治疗。在这家医院，他们不会被差别对待，治疗的效果也相当理想。

　　　　有一次，一个年轻的士兵来找我治疗，他说自己失眠、神经衰弱，希望我能开证明，证明他有精神疾病，这样他就可以退伍回家了。尽管他看起来弯腰驼背，但我看得出来他并没有生病。身为一名医生，我不能违背自己的职业道德，我把士兵的真实病情报告交给了驻军医院的领导，让他们来做最后的决定。他出院那天，我告诉他，我诊断的结果跟他描述的病情不一致，我不能让他退伍回家。他突然站了起来，挺直了腰背，求我高抬贵手。接着，他向我坦诚了自己这样做的原因。他来自一个贫困家庭，父母年迈体衰，必须要回家照顾他们，他一旦出了意外，整个家庭都会面临生存危机。我安慰他，我会尽可能争取将他转成站岗放哨的工作，这样他就可以另外找一份兼职的工作来贴补家用。但他对我的建议并不满意，哭着求我让他回家。我很想帮他，但是当时的战况紧急，领导肯定不会接受毫无根据的退伍申请，并且会马上将他送回前线，这样他全身而退照顾家庭的机会将更为渺茫。晚上我躺在床上还在思考这个问题，将他转岗成为一名哨兵是最好的选择。

那天晚上我做梦了，梦见自己成了一名凶手，但我不知道杀了谁。我独自走在一条幽深黑暗的小巷里，感觉像是陀思妥耶夫斯基的小说《罪与罚》的主角拉斯柯尔尼科夫。醒来以后，我全身冒冷汗，不停地颤抖，像是刚刚杀了人。我意识到这个梦跟那个年轻士兵的命运有关，我没有接受他的请求，内心愧疚和不安的情绪就这样以一种如此夸张的方式呈现在了梦境中。

从逻辑上来讲，我没有办法将他从危险的环境中解救出来，我伤害了他，但是我的内心里对这个选择也是很无奈的。另一方面，我觉得我该顺从自己的心意，哪怕违背原则，也要帮帮他，给他一个更为轻松的工作，好让他的父母能够得到很好的照顾。我发现这种想法是自欺欺人，我还是按照理性思维行事。自从意识到这个事实之后，我不再被夸大的情感牵制，从常理上来看很难说我是一个凶手，但是我有仿佛变成了凶手的感觉。这是一种想象，经过想象粉饰过的情绪体验十分难受，有时候往往还会让我们迷惑其中。

第九章　集体意识概述

——如何培养孩子的团队精神

我想总结一下到目前为止所讨论的内容，问题儿童最需要什么呢？需要的是我们设身处地的换位思考，感同身受地理解他们，这样我们才能跟着这些孩子一起去做出相同的行为，犯下相同的错误，并且确立相同的目标，这样我们才能够真正理解他们。如果我们做不到这一点，那么我们根本无法走入这些孩子的内心世界，也就看不到他们在处事风格上的错误路径，更无从引导他们，帮助他们。你可能有过这样的体验，当你路过一栋房子，看到楼上有一个阿姨正站在窄窄的窗台上擦玻璃，随时会有掉落的危险，这时候你会感到紧张，仿佛擦窗户玻璃的人是自己；当你在观看马戏团的走钢丝表演时，你也会有十分紧张的感觉，仿佛站在钢丝上的人就是自己；当演讲者在众目睽睽之下忘词了，你也会觉得紧张，仿佛聚光灯下不知所措的人就是自己；看电影的时候，你会进入情景当中；看一本故事书的时候，你会随着人物的经历或喜或悲。无数的例子证明：我们可以通过换位思考与他人建立联系，用同理心看待自己从未经历过的处境。

接下来我们需要找出问题儿童在处事风格形成过程中到底出现了什么问题。为了找出这些问题，我们必须重新审视他们的成长经历，了解过往经历中那些有助于我们做出判断的蛛丝马迹。我们面临的问题往往与社会集体相关，孩子也不例外。孩子如何看待生命价值？如何理解自己与他人的责任？如何面对生活中难以解决的问题？我们可以通过询问问题的方式，了解孩子是否已经具备集体意识，是否已经做好进入集体生活的准备。对于孩子所暴露出来的种种问题行为，我们有责任去调查这些孩子没有做好准备的原因，并且帮助他们纠正错误，引导他们走上正确的道路。

家庭环境的改变也会对孩子的处事风格产生极大的影响，比如曾经备受家庭宠爱的孩子遭遇了父亲或母亲的离世，让他们失去了曾经拥有的宠爱；或是父母离婚之后，他们和继父或继母生活在一起；也有孩子年幼时家境优渥，之后遭遇变故，家庭物质条件急转直下；等等。这种家庭环境的改变，会给孩子的成长造成一定的困难，这些困难就是孩子的集体意识是否准备妥当的试金石。

只有这样，我们才能够很清晰地看到孩子的准备状况。学校对孩子的生活也是有影响的，比如换新老师，尤其是之前的老师温和友善，新换的老师过于严格；随着学习难度的增加，孩子在学习上越来越没有成就感，甚至跟不上同龄人的步伐。这些学校环境状况的变化，可以反映到孩子对待同学、朋友甚至所有人态度的变化之中。

我们也可以从他们的职业选择、如何看待爱情和婚姻等问题上，来看他们是不是具备集体意识。每一个人的情况都具有独特性，他们的答案五花八门、各不相同。当我们把关注的目光投向孩子幼年时的成长经历，反而会比较迅速而准确地做出判断。我们要有透过表象去追寻本质的意识。

我们还了解到集体意识非常薄弱的孩子，大致有三种类型；第一类是因身体缺陷而自卑的孩子；第二类是被家人过分宠爱的孩子；第三类是过分自私而被讨厌的孩子。这三种类型的孩子往往只关注自己，不关心他人的行为和感受。他们认为自己身边的环境危机四伏，而自己像一只刺猬，时刻处于戒备状态，也像一块永不融化的寒冰，无法融入温暖的集体当中。我们借助隐藏在他们成长中的各种迹象，去找寻理解他们的线索。他们的表情、眼神以及行为举止都是他们内在处事风格的投射。例如，从睡觉的姿势上也能看出他们对待生活的态度。睡觉时像刺猬一般蜷缩着，可以看出这样的孩子可能没有太多的精力和勇气；而那些睡觉时手脚摊开躺着的孩子，可以推测出他们想炫耀自己很厉害，有种虚张声势的感觉；而趴着睡觉的孩子，往往性格很倔强，总是保持着一种反抗的姿态。

我们从最原始的生命形式中推测出，孩子脑海中保留的最早的童年记忆与他们的处事风格有密切的联系。在孩子上学之前，有很多的生命符号就已经刻下。每一个孩子在不同家庭生活中的经历，都在他们的成长历程中刻下了烙印，成为影响孩子日后个性发展的重要因素。孩子的职业选择、想象力、梦境等为我们提供了了解他们处事风格的切入点。我们运用专业的个体心理学知识去寻找他们成长历程中的线索，并积极尝试引导孩子去发现自我、了解自我，帮助他们充分地发现自己的错误，拥有摆脱错误的勇气，不断向正确的方向迈进。因为我们确信惩罚并非是好的方式，只有犯了错误的孩子理解了自己的行为，知道问题出在哪里，他们才能逐步减少犯错的次数，建立正确的行为模式。

那么集体意识是从什么时候开始形成的呢？我们发现每一个孩子都有发展集体意识的机会，而形成集体意识的重点就是母亲。因为母亲是最先与孩子建立联系的人，是孩子在社会生活中交往互动的第一人。母亲的首要功能就是让自己成为孩子值得信赖的伙伴，母亲的第二个功能就是帮助孩子为走向社会做好准备。母亲必须引起孩子对父亲以及其他兄弟姐妹的关注，然后进一步发展为跟其他的小伙伴建立友好的关系，让孩子学会关注身边人，不再只关注自己。母亲应尽早让孩子拥有集体意识，尽早培养孩子与他人、与社会建立正确的联系，这样可以预防许多日后产生的行为偏差，避免出现问题儿童、神经症、犯罪，以及自杀和抑郁症等现象。

　　让一个犯了错误的人认识到自己的错误，其实并不是一件简单的事，问题儿童最显著的特点就是不愿意改变自己。裴斯泰洛齐指出："你想好好抚养一个曾经被放弃的孩子，但是他会在各个方面跟你对抗，不断地制造麻烦。"因为他的处事风格已经很鲜明，那就是不要改变，保持自己原有的风格，像机器一样一直运转，对他来说这种做法是最容易、最舒适的。

　　如果我们试图改变一个问题儿童，那么我们就需要对他们付出耐心、陪伴与呵护。问题儿童渴望被理解和接受，渴望温暖的呵护。如果你想激发一个孩子的集体意识，那么就必须具备母亲的两大功能：我们首先要赢得孩子对自己的信任和关注，进而引导他们把这种信任和关注的目光投射到身边其他人身上。这两个功能缺一不可，有些母亲成功地获取了孩子对自己的关注，却不引导孩子把这样关注的目光投射到其他人身上，最终导致了孩子的失败。

　　唤醒孩子的集体意识非常重要，我们要让集体意识与孩子的个人成长密切联系在一起。因为具有集体意识的孩子会有更清晰的判断力、更强大的记忆力、更优异的表现力，他们善于换位思考，更有机会交到真正的朋友，认识与自己志趣相投的人。因为有了集体意识，使他们能够正确观察、认真聆听、用心感受。我们可以发现那些拥有集体意识的人能够发挥更多的能力，意志更为坚定，获得的帮助也更多一些。那些在学校或者工作岗位上担任重要职务的人，他们不但能完美地解决自己生活中的各类问题，还具备了更为良好的集体意识，这让他们在集体生活中更加出类拔萃。

　　可以这样说，拥有良好的集体意识让他们在生活中如鱼得水，获得了积极的回应，也让他们拥有了更多的机会，成为更好的自己。而那些缺乏集体意识的人会如何呢？无数的案例向我们证实，他们通常不会因为能力突出、热情积极等优势引人注目，即使偶然遇到了一个受人重视的机会，这种关注度也不可能持续很长时间，因为他们缺乏与别人合作的意识，对团队其他成员的事情根本不感兴趣，也没有足够的能力处理任务完成过程中的问题，即便机遇来到了身边，也会因为自身原因与其失之交臂。人类在生存过程中要面对的三大问题：社会交往、就业与爱情，想要解决这类问题的唯一方法就是融入集体，通过训练让自己拥有健全的集体意识。

我想给大家提出一些问题儿童的显著特征，并且示范个体心理学家是如何借助个体心理学的知识脉络，来了解孩子的特征与处事风格，这样就可以为大家呈现可供学习的模板。

第十章 四个真实的案例

——四种问题儿童的日常教育指南

案例一

"女孩在家里排行老二，她的母亲经常抱怨她看着乖巧，其实有些行为很叛逆，会有过激反应。"

假如孩子的心理起伏都有迹象可循，那么我们可以提出一个合理的疑问：在什么情况下，孩子会有过激反应？

"她有一个姐姐，比她大一岁，但她和姐姐的关系并不是很好，每当姐姐不经过她的同意就把浴袍从衣柜里拿走时，她就会尖叫，并大声斥责姐姐的行为。"

类似这样的情况每天都在家中上演，我们的疑问是，平常举止乖巧的妹妹会被哪些行为激怒，进而大声喊叫？我们认为妹妹并不只是假装显示出比姐姐强势的态度，她是真的渴望比姐姐强大。我们可以在此看到妹妹试图超越姐姐。我在之前已经提过，家里的兄弟姐妹按照一个参照物成长时，年幼的孩子会努力与年长的孩子并驾齐驱，甚至试图超越他们。另外，年长的孩子则会努力维持或强化他的个人地位。

"姐姐会故意找妹妹的麻烦，并想让妹妹处于不被家人重视的地位。她会故意做出一些激怒妹妹的行为，比如拿起浴袍，然后随意丢在地板上。"

我们可以在此看出女孩有一定的自卑感，她需要把负面情绪发泄出来，只能借助尖叫来表达自我存在，因此也就产生了过激行为。

"当姐姐洗完澡，不穿衣服走过她的房间时，她也会有这样的反应。"

妹妹会感觉到羞耻，有人认为这是妹妹尖叫和愤怒的原因。但我并不认同这个看法，我认为妹妹是因为自卑，所以才感到羞耻。在这里，我还提出了一个疑问，那就是姐姐与妹妹的身材相比，谁的身材更好一些？母亲说姐姐长得很漂亮，而妹妹长得矮胖，性格还怪异，所以当家里来客人时，姐姐总是被夸赞。而妹妹自认为身材矮小，天生就处于劣势，不敢在客人面前露面。

其实我们要明白，孩子有美丽的外表并不是最重要的，而健康的身体、热情的态度、友善的性格等，更能吸引他人关注的目光，也更有价值。

妹妹对学校不满意，不喜欢早上七点钟就起床去上学，她把自己的想法告诉了姐姐，姐姐说："好啊，那你就别起床了，在家里待一整天吧！"第二天，妹妹真的没有去上学，在床上躺到了十点钟。妈妈问她为什么不去上学，她说是姐姐让她留在家里的。从这件事情可以看出来，妹妹在生活中处处跟姐姐对抗，她利用一切机会，让姐姐处于不利的处境。她的目标很明确，她想跟姐姐处于同等地位，但这很难办到。因为她长得不漂亮，也没有得到母亲的偏爱，不知道自己有什么地方能胜过姐姐。

妹妹的举止比较笨拙，做事总是比别人慢半拍，她没有勇气主动与别人交朋友，最后她变得敏感、孤僻。在学校，老师并不关注她，因为她什么事都做不好，学习成绩也比较差。于是，她成了一个行走在集体边缘的孩子。

妹妹不喜欢别人安排她的生活，母亲想要妹妹早点上床睡觉，但妹妹不同意，她想跟姐姐一起上床睡觉。而姐姐也让妹妹早点上床睡觉，于是两人争吵起来了，直到她们躺在床上看书，彼此之间还没有停止吵闹。她也想借此表达自己可以独立办事，不是受命行事。随后，母亲走进房间，提醒她们已经很晚了，顺手关掉了妹妹的床头灯并要求她快点睡觉，姐姐则可以继续看书。母亲的这种做法让妹妹再次觉得自己不如姐姐，于是妹妹总是想方设法对抗母亲，比如吃饭时故意捣乱，让母亲感到很头疼。我们看到了妹妹的处事风格，也看到了她犯错的原因。

对于这个小女孩，我们的治疗该如何开展呢？这个孩子很难成为别人的同伴，她会把所有人看成她的对手，把生活当作对抗。她总是竭尽全力想超过别人。在她的观念里，如果当不成"刀俎"，就会沦落为"鱼肉"，她常常挣扎在"刀俎"和"鱼肉"的角色之间。她很自卑，总是想方设法超过姐姐，她永远处在高度紧张和戒备的状态中。这样的心理状态让她在学校不会获得好成绩，很难交到好朋友，也无法与家人建立正常的关系。我们的任务是赢得小女孩的信任，并且努力帮她把这种信任和关注延展到身边的其他人身上。我们要帮助她放松下来，让她明白：生活不是一场比赛，身边的人不是她的对手，只有平和的心态和积极的集体意识，才能让她快乐自信，顺利地结交朋友。如果我们能够引导并帮助她在学校里获得同学、老师的信任和关注，那将是很重要的一件事。

我问这个女孩："你对未来有什么计划？"女孩说她的父亲是一家电器公司的老板，她想去父亲的公司帮忙，她希望自己成为像父亲一样的人。当我问姐姐的未来计划时，姐姐却说没有想过这个问题，可能是尽早结婚，当一名家庭主妇。姐妹俩对未来的目标设想呈现出了很大的差异，姐姐没有特意设定目标，认为一切会自然而然地到来，她的生活顺风顺水，不需要为了解决困难去特意设定一个目标。而妹妹却恰恰相反，她觉得自己处于弱势，特别自卑，想用一份受人尊敬和令人瞩目的工作来改变目前的状况。由此可见，妹妹的内心有着许多积极正向的一面，我们应该多多关注她在学校的表现，鼓励她多参加集体活动，养成乐观向上的性格。让她学会关注他人，放下内心的紧张和戒备，成为团队的一员，才能够展现出更多的能力，变得越来越自信。当她能够从身边的人中找到更多的伙伴而不是对手时，我想我们就成功了。

案例二

> "我有两个儿子，一个七岁，一个九岁，小儿子上一年级，他的学习状态还不太明朗。但我觉得兄弟俩相比较的话，哥哥显得更懒一些。"

"懒"成了哥哥身上的一个标签，让我们来分析一下，这种懒惰到底是怎样形成的呢？两个孩子虽然是在一个家庭长大的，但是他们各自的成长情况是有不同的，哥哥在弟弟出生之前的两年时间是独生子，就像其他家庭的独生子一样，是整个家庭注目的焦点，也是所有人宠爱的对象。所有人的一举一动都告诉他，他才是那个最重要的人，他可以支配一切。可是在他两岁的时候弟弟出生了，母亲的注意力突然就转移到了弟弟身上。

值得我们注意的是，很多二孩家庭的父母忽略了帮助老大做好迎接新成员的准备。于是，哥哥开始面临一项重要的测试，对于弟弟的到来是否已经准备就绪了？许多没有准备好的孩子，完全无法控制自己对弟弟或妹妹的嫉妒心理，想恢复之前备受关注和宠爱的生活状态，于是展开了持久的家庭抗争。而弟弟或妹妹则永远奔跑在追逐哥哥或姐姐的征途上。

哥哥也同样经历了艰苦卓绝的生活斗争。哥哥一直害怕自己的地位不保，当母亲将注意力转移到弟弟身上的时候，他觉得弟弟抢走了他的一切。当然，每个二孩家庭的孩子态度不一样，这是由以下情况决定的：第一，孩子本身的处事风格是不是已经成形，能不能接受改变；第二，弟弟和妹妹的行为表现；第三，父母的行为表现；第四，在老二出生之前，父母引导老大做了哪些准备工作。这四个方面对老大的态度有着至关重要的影响。

　　当哥哥感觉弟弟已经完全占据了家庭中心地位时，他选择用懒惰的方式来获得家人的重新关注。那些偷懒的孩子经常会说，其实我并不笨，但是这不重要。他们不在乎别人的评价，如果他们渴望成功，那么就不会偷懒了。因懒惰而受到的关注和优待让他们十分享受，如果他们偶尔有一些不错的小举动，会立刻得到他人的赞美。如果在他们无法完成某项任务时，别人会对他们说，你看如果你不偷懒，一定可以很轻松地完成这项任务。在"你也可以很优秀"的错觉里，懒惰的孩子找到了他们渴望的被关注的目光，用这种轻而易举的方式就得到了被认可的感觉。

　　但哥哥并不了解自己为什么要这样做，他只是按照自己内心的想法盲目地往前走。他需要别人不断地提醒他、告诫他，甚至带着快乐的心情接受父母的惩罚。

　　"他一次次地保证说自己会努力的。"

　　这是事实，他并没有说谎，因为他也希望自己能得到更多人的关注，这是真心话。

　　"但他的承诺并没有落实到行动上去，当他做作业的时候，一点风吹草动就吸引了他的注意力。"

　　为什么他有渴望努力的想法却不付诸实际行动呢？因为他并不是必须借助努力去实现自己的目标，他可以用其他更简单、更直接的方法得到别人对他的认可。即便这样的方法在别人看来是消极且无用的。

　　"除了写作业以外，其他的事情都能够引起他浓烈的兴趣，而我为了减轻他的学习负担，让他每天晚上告诉我，白天在学校里学到了什么。"

　　你看男孩的伎俩又一次成功了，他成了众人注目的焦点，他可以每天晚上跟父亲交流。

"等我晚上回到家的时候，我发现他之前答应的事情完全没有落实到位。"

因为只有这样做，父亲才会亲自去找他、提醒他、警告他，他才能成功地引起父亲对他的关注，这就是他的目的。

"我亲自去找他，他就开始行动，如果我不去催他，他就一直赖着不行动。"

因为男孩知道自己不论在学习方面怎么努力都无法快速地获得父母的认可，他觉得这样的拖拉和懒惰能够更直接地引起家人的重视。

"不管是数学、语文还是英语，对他来说都是困难的，也是他讨厌的课程。"

现在需要我们更细致地去分析原因了，也许他是一个左撇子，这让他感到自卑，也有可能他是一个备受宠爱、什么事情都需要依赖他人的孩子，他缺乏独立思考问题、解决问题的意识和能力。

> "他最爱做的事情就是发呆，他可以坐着或躺着盯
> 着天空出神，什么事也不干，就这样保持几个小时。"

这些孩子对自己拥有的时间没有充分的认识，呆坐着来消磨时间也是他们逃避现实的一种方式。

> "即使他有很多的任务要完成，有很多的书需要读，
> 他也从来没有完成任何一件事或读完任何一本书。"

他是一个没有毅力、没有耐心的孩子，他连看书都无法专心致志，更不用说满足别的需求了。

> "很久以前玩过的玩具，哪怕只玩过很短的时间，
> 他都愿意重新找出来玩。"

我们可以看出来男孩拥有很多的玩具，但是缺乏可以互相分享、交心的朋友。

"对哥哥来说，白天去幼儿园是他不喜欢的事情。
幼儿园的园长对他有偏见，认为他喜欢说谎、爱耍小聪
明又胆小。"

　　从园长的描述来看，他是最需要鼓励和帮助的一个男孩，在
幼儿园里，他本身就很难融入环境。园长把他的一些性格弱点归
因于其自身问题，没有找出问题的本质，也就没有办法帮助到这
个男孩。

　　"其实我也知道他身上的这些问题，而弟弟完全没
有这些缺点，他又乖巧又可爱，大家都夸赞他。"

　　弟弟受人欢迎，哥哥遭人质疑和批评，这种情况是巧合吗？
当然不是！从弟弟一出生，哥哥作为家庭中心人物的地位就一去
不复返，家人对弟弟的关注越多，哥哥就越感到沮丧和气馁。弟
弟的生活越来越如鱼得水，哥哥却整日如履薄冰，极力想恢复之
前的待遇，却总是事与愿违，越走越远。

案例三

"贝拉是个特别的孩子，我经常在下课以后暗地里观察他，试图对他有更多的了解，我发现每当刚下课的时候，他会跟着同学们一起嬉笑打闹，但很快他就会在教室里走来走去，像丢了魂儿似的，接着大家开始取笑他，他很厌恶同学的讥笑和嘲讽，就和同学打起来了。"

如果贝拉丢了魂儿似的在教室里走来走去，这个信息是真实的，那么我们可以做出这样的判断，他不愿意待在学校里，他的想法停留在其他的事物上，学校这个环境对他来说是陌生的，而且是被他排斥的。另外，我们也可以察觉出来，他在学校里没有归属感。

在集体生活当中，如果有一个孩子不合群或不愿意和他们一起玩耍，那么其余的孩子就会自动把他划到对立的阵营中，甚至会很默契地联合起来戏弄他、讥讽他。孩子的世界是单纯的，但是也往往缺乏规范的原则。在他们戏弄和讥讽不合群孩子的过程中，往往会有一些很过分的行为，他们会不断地想让那些不合群的孩子明白团队里的人都需要遵守游戏规则，谁都不能例外。

不合群的孩子特别不受欢迎，是因为他们身上缺乏集体意识，无法胜任集体成员的角色。那些在家里备受宠溺的孩子进入学校后，他们会游离在集体之外，被嘲笑、批评、排斥是必然的结果。集体仿佛有着一种无形的力量，形成了一种具有约束力量的规则，而身处其中的每一个人都会不自觉地配合集体的行动，并且自然而然地排斥不遵守规则、对集体的力量提出挑战的异类。我们可以把它理解为一种从众心理，在集体中生活的人们，集体价值远远大于个人价值。我们把这些能够充分考虑集体利益的行为，称为具有集体意识的行为。集体意识、集体荣誉可能不会被我们时时挂在嘴边，但是当个体去挑战集体已经形成的规则和秩序时，就会遭到其他人的批评和指责。

　　以上这些内容可以帮助我们更清晰地了解贝拉的处事风格，他究竟把自己置身在了怎样的境地？我们还可以获得更多的线索：第一，他是一个没有适应学校生活的人，他缺乏集体意识，对学校其他同学的表现和反应并不在意。第二，贝拉会跟同学打架，说明他还没有完全被集体排斥在外，也表明他自己并没有放弃融入集体。他还对自己融入集体抱有渴望。

　　"最近几个月，贝拉与同学打架的次数越来越少了。"

从这个信息中，我们可以看出，男孩开始适应身边的环境，虽然很困难，需要很长的时间，但是他在努力适应。

"这个孩子没有真正谈得来的朋友，他很孤独。"

结合之前的表现来看，这种情况当然是不难理解的。

"上课的时候，他很容易分心，好像没有什么东西能让他产生兴趣。"

男孩并没有完全适应学校的生活，因为他始终觉得自己不属于这里，所以他上课心不在焉，不能把注意力集中在学习上。

"他喜欢咬指甲，即便我不允许他这样做，他还是会忍不住。"

咬指甲是一种反抗的表现，他想融入这个集体，即便遭到同学的嘲笑甚至殴打，但他依然没有放弃。咬指甲、挖鼻孔、吃东西的时候发出很大的声音等这些怪异的行为，其实都是内心想要反抗现状的一种表现。即便身边的人无数次地告诉他："这样做是不对的，停下来。"但是他还是会继续。我们该怎么看待这个行为呢？这个男孩不合群，缺乏集体意识，但咬指甲这个行为让我们看到了"希望"，这算得上是一个还比较好的表现，这是他在勇敢地、努力地抗争，是他对融入集体还充满期待的一种迹象。

"有的时候他会专注地玩东西，完全不关注身边的
人和事。"

这是一种消磨时间的方式，可以看出他不想学习，也不想写作业，没有把心思放在完成学校的任务上。

"他不和其他同学一起玩，但是偶尔会和从小就认
识的同学聊天。"

这个信息可以让我们发现他很难适应新的环境变化，如果我

们有足够的耐心，给他足够长的时间，他可以慢慢改变，但是不要指望他能立刻适应环境。

　　　　"上课的时候，他特别爱讲话。"

　　在个体心理学家看来，这是个好现象。我们不主张学生去挑战学校纪律和规则，打架、咬指甲、上课讲话，这些看似是对规则的挑战，但对个人而言是有着积极意义的，这是一种抗争，是一种勇敢的尝试，是个人试图融入集体的一种努力。

　　　　"如果我们要求他做笔记、写作业，他就会装作听
　　不懂我们在说什么，呆呆地坐在那里，一动也不动。"

　　一般情况下，老师会对这种情况很生气，其实贝拉不是刻意与老师作对，只是他跟老师期待的合作模式不在同一个频道上，听他人说话，观察他人的表情，其实都是与他人沟通的一种方式，但是他既不愿意听，也不愿意去关注别人有什么反应。因为他对学校发生的事情没有兴趣，他希望尽快离开这个地方，去一个能让自己觉得舒服的环境中。我们需要改变的是他的想法，而不是在他的思维支配下做出来的错误行为。

> "他经常忘记带文具或书本，可能是父母没有在家里提醒他。但是我知道他的记忆力和想象力都挺不错，他不是一个笨孩子。"

我们不应该怀疑他的智商，他只是还没有准备好融入学校的生活，我们需要更耐心的引导和等待，而不是随意地斥责他。

> "他的文章写得还不错，只有一些简单的语法错误，和其他同学没有什么差距。"

我们发现，当贝拉独立完成一件事情的时候，他可以全情投入，完成得非常漂亮。他擅长写作，其实与天赋没有关系。很明显他在家里是没有写过作文的，他用其他的方式进行过类似的表达训练，比如当他在跟家人交流时，他能够清楚地描述某一件事情的来龙去脉；当我们跟他谈论熟悉的事物或者经常讨论的话题时，他很健谈，条理清晰，思维敏捷。这样的训练为他在学校写作文做好了充足的准备。没机会在家庭环境中与家人进行类似的语言表达和沟通的孩子，也就缺少对写作能力的准备。

个体心理学家虽然非常重视家庭前期的训练，认为这对孩子入学以后的表现有很重要的影响。但我们必须承认，我们并不知道家庭的哪方面训练能够提高孩子的能力，让他们在学校拥有优于其他孩子的表现。每个家庭对孩子的培养方式各不相同，可是没有人能确信他们在学校里的好成绩是哪方面的培养训练而成的。所以训练有素而鹤立鸡群的孩子就被认为是有天赋的，那些因训练不足而导致学业成绩落后于同龄人的孩子，则被归因为天赋不够。

其实这都是错误的认知。如何培养有能力的孩子？如何避免孩子失败的人生？到目前为止，这都是一道没有确切答案的难题。

"现在他的拼写能力比刚入校的时候要好多了。"

这个信息引起了我们的警惕，需要对此进行更细致的分析。拼写是一个充满未知的领域，我们不清楚为什么有的孩子在拼写方面时好时坏。不过个体心理学家认为，我们需要判断贝拉属于视觉类还是听觉类的孩子？视觉类的孩子对眼睛能看见的东西格外感兴趣，记忆力也更强一些。听觉类的孩子则对听到的声音十分敏感。

"同样一张试卷，他今天和明天的答案可能差得很远。"

这说明一件事情，他并没有用心考试，心情好考得好，心情不好考得不好。别人对他友善的时候，他表现就好；别人对他态度不好的时候，他就表现很差。

"他常常给人一种疏离感，让人觉得他跟大家是有距离的，没有人可以走进他的世界。"

从这个信息我们可以看出来，男孩还没有完全做好跟别人沟通的心理准备。

"最近他的情绪非常低落，他经常会为自己没有做好一件事情而情绪崩溃，甚至号啕大哭。"

我们该怎么来看待他因失败而痛哭呢？要么是因为他本来对结果有着很高的期望，却屡屡失败，所以这种心理的落差让他觉得根本接受不了。要么就是这个男孩已经把哭当成了一种武器，他觉得泪水可以解决很多事情，用其他方式解决不了的问题，可以用哭来解决。比如，引起身边人对他的关注，从而达到自己的目的。

"还有一件让人觉得难以接受的事情，这段时间以来，他说话口吃的状况越来越频繁了。"

口吃也是把自己封闭起来的一种现象，他已经习惯了自己与外界建立联系的这种模式，在遇到自己无法解决的问题或不愿意面对的突发状况的时候，他就会用口吃来切断与外界的联系。

口吃的状况一般出现在什么时候呢？当他与陌生人交谈的时候，当他写作业出现困难的时候，当他当着大家的面进行朗读的时候，总之，他自己觉得无法掌控局面的时候，口吃就会出现。口吃变得严重了，我们觉得这不是个好现象，这意味着他不仅没有加强自己与学校之间的沟通与联系，反而离学校的要求越来越远，他在刻意与学校布置的任务保持距离，这也说明学校用在他身上的办法没有效果，甚至起了反作用。

　　"学校的老师也不知道怎么办才好，觉得自己已经竭尽所能去帮他了，可结果却让大家大失所望。自入学以来，男孩消瘦了很多，老师很心疼他。"

　　这个信息让我们觉察到老师开始担心男孩的身体状况，当然，这也是我们应该关注的地方，但我们更应尽快找到解决办法，采取行动。

　　首先，我们必须让男孩意识到自己的错误，他对老师和同学的态度是有问题的，对自己应该接受的任务的处理方式也是不对的。他必须要明白，他应该承担的责任跟其他的同学是一样的，学校并没有对他提出过分的要求，如果他不能完成学校布置的任务，那么将给他自身的发展带来难以弥补的后果。

　　其次，我们不能忽视他最大的问题是不知道如何跟别人进行沟通，之前他从未刻意进行过类似的训练，甚至根本没有意识到自己需要训练。所以我们必须帮助他学会与人沟通，学会和老师、同学以及自己的学习任务建立正确的联系，这样他才能够真正有所进步。

最后，我们觉得如果他能够在学校里面主动地结交朋友，对他来说是大有裨益的，别人的鼓励可以带给他很多的自信，也能让他更愿意与人进行沟通交流。

但是我们还需要了解一些情况：贝拉的这些状况是从什么时候开始的？在与他的母亲交流的过程中，我得知他是一个独生子。因为独生子女长期处于家庭关注的中心，他们没有在与人交流的能力上得到训练。当他们进入学校或是其他陌生环境时，就会感到不自在，而且觉得适应起来非常困难。因为在这些环境中，他们聚焦所有目光的中心人物身份将不复存在，他们需要独自去面对很多的问题。这些任务在他们家庭生活的体验中是不曾经历的，所以他们觉得眼前困难重重、荆棘密布，仿佛从一个温暖的春日进入冰冷刺骨的冬天。他们畏缩、害怕，他们踟蹰不前、不知所措，他们会采取很多别人难以理解的方式去逃避这些任务，试图切断与这些任务之间的联系。

口吃就是他们逃避任务的一种选择。每一个口吃的孩子都有在幼年时被家庭宠爱的经历，但是这个认识并不能被所有人接受，比如有的孩子摔了一跤之后就开始口吃；有的孩子被恐怖的表情或眼神吓到后开始口吃；有的孩子被老师严厉地责罚，然后开始口吃。

　　但我们应该正视的一点是，大部分口吃的人不是因身体上的原因造成的，比如很多口吃的人自言自语的时候说话会非常连贯，没有一点口吃的迹象，可是当出现了听众或者面对更多的人来表达的时候，他们就会变得结结巴巴。其实这并不难理解，一个备受宠爱的孩子，被家人照顾得无微不至，所有的事情都替他想得妥妥帖帖。当他面对自己无法摆脱的困境时，他觉得身边险象丛生，到处都是不怀好意的目光，他再也找不到温暖的依靠，那种恐惧和害怕就会通过口吃表现出来。

案例四

　　"罗特是个可怜的女孩，她经常感到头痛，浑身无力，喘不过气，可医院的检查结果显示她一切正常，身体十分健康，很明显，这些症状只是源于她的紧张心理。"

　　当我们告诉这个小女孩，她的所有身体症状都只是因为紧张造成的，她很生气，认为我们在欺骗她，如果医院的检查结果没有出错，那么所有的症状都证明了罗特内心充满了无法控制的恐惧和自卑，这是她完全不能接受的。

　　"我们建议她的奶奶尽量不要去关注孙女的这些生病的迹象，奶奶勉强同意了。"

　　这个方法并不能纠正女孩的错误，只是在逼着她去适应新的环境，但没有从根本上改变她的处事风格。

　　"奶奶尽量不去关注孙女的各种身体状况，但无法拒绝女孩不去上学的请求，哪怕请假的理由只是因为她觉得很累。"

　　女孩用身体不适的理由逃避上学，我们一开始还担心她是不是不愿意上学，后来我们证实了她喜欢学校，而且非常喜欢上学，她希望在学校获得成就感，想获得更多人的关注，但她并不清楚自己要怎样做才可以真正获得大家的喜欢。

　　"有一位老师是她最喜欢的，她特别期待得到这位

老师的赞赏。"

我们似乎找到了一些头绪，如果这个孩子想在自己喜欢的老师那里留下深刻的印象，但是不确定自己是否能够做到，总是担心自己的形象不够好，那么问题就变得很好理解了。没办法确信自己是否能够达成目标，这种不确定性让她在做事的时候选择拼尽全力。因此，她常常会觉得自己已耗费了全部的精力。这种用尽所有力气带来的疲倦感就会引发心悸、四肢无力等不适的症状。

只是我们还没有找到引起头痛的原因，紧张的情绪为什么会引起头痛呢？让我们来进一步进行探究，如果我们想到有很多人会因为生气而头痛，也许就找到答案了。由此我们得出，这种循环系统疾病会发生在大脑皮层，这就很容易理解她为什么会引发头痛了。情绪激动或紧张会影响血液的循环，改变血细胞的数量，从而导致心悸或心力衰竭等症状，这个小女孩在全力以赴做事情的时候，担忧、不安的感觉会让她的情绪激动到无法自控的地步。在他人的眼里这就是情绪失常，容易暴躁。

"最近她经常与家人闹矛盾，会因为一件微不足道的事情而号啕痛哭。"

在她看来，哭是最好的武器，她可以通过眼泪来达成自己的目标，让家人对她让步。虽然这对于小女孩本身并没有太多积极的帮助，但是可以让她享受到优越感。

"她的胆子很小，害怕一个人独处。"

小女孩从小跟奶奶生活在一起，备受奶奶的呵护和宠爱。也许是因为紧张让她看上去很胆怯和害怕，她没有安全感，只有当身旁有人陪伴的时候，她才会觉得自己是受到重视的，是有存在价值的。

"有一次她在报纸上看到了一则谋杀案的新闻，她特别感兴趣，但是之后就变得特别惊恐不安，所以奶奶根本就不敢让她在晚上的时候一个人在家。"

即便报纸上没有报道谋杀案，也会有另外的事情导致她产生不安全感。这样的导火索找起来并不难，不管是大人还是小孩，当他不想一个人待着的时候，他都会找到不能单独待在某个地方的理由。

　　"她也不愿意一个人去游泳。"

对备受宠爱的孩子来说，学游泳往往是一件很困难的事情，因为游泳这件事，必须依靠自己，可他们已经习惯了依靠别人。

　　"她喜欢待在家里，很少出门，甚至连外出散步也是极不情愿的。"

她是一个极其认真的人，她把每一项任务看成必须达成的目标，所以她觉得这些重担实在难以承受。她把自己活动的范围缩小到不能再小的地步，这是她对生活的一种态度表达，她想说："我太累了，这些任务太难了！"如果她可以把心态放轻松一点，用一种愉悦的、积极的方式去享受做事的过程，而不是注重结果，那么生活中的这些任务就不再是一个个难以逾越的"山头"，她也不会把自己关在一个狭小而封闭的圈子里了。

"她连续三天去市场进行观察，每天两个小时，只
是为了写出一篇优秀的作文，赢得老师的赞赏。"

表面上看她是十分积极地应对自己的任务，实际上她还是用
一种紧张的、如临大敌的心态来完成任务，愿意在一个比较狭小
的范围去建立自己的优势。

"她现在的表现和小时候截然不同，她变得胆小、
畏缩、自怨自艾。"

从小她就是一个备受宠溺的女孩，很多事情她都没有办法独
自解决，多次的打击已经让她失去了自信。最近一段时间，她遭
遇的困难更多，问题更棘手。我们必须更深入地了解她的生活都
经历了什么。

"之前她很独立，善于忍耐，看医生的时候哥哥会哭，
她不会哭，不怕痛。"

这个信息告诉我们，她不是独生子女，她在家里排行第二。我们知道她从一出生就和哥哥站在了不一样起跑线上，一直在努力超越哥哥。我们猜测女孩一定也有这样的想法，在这场强弱悬殊的比赛中，一定有什么事情让她觉得这场比赛实在太过艰难，她根本没有办法达到目标，所以她退回到自己的小天地里，试图在一个狭小的空间里去寻找自己的存在感。

　　通常在有哥哥和妹妹的家庭里，妹妹比较容易受到大家的关注，女孩在心理和生理上的发展比男孩快，所以在很多方面会占优势，这应该是让妹妹在与哥哥的这场竞赛中一直有信心胜利的原因。究竟是什么原因让她觉得不可能赢了哥哥呢？让我们来设想一下，也许是哥哥这段时间突然变强大了，在某一方面得到了优势，两人之间的距离越来越大，让她觉得超越对手是一件越来越不可能做到的事情，所以丧失了想继续追赶下去的渴望。所以，我们必须去进一步了解到底是什么让哥哥变得强大了。

**　　"可是生活中并没有什么特别的变化。"**

　　因为妹妹一直紧绷着心里的一根弦在跟哥哥竞争，可以说是拼尽了全力。在这个过程中，一些微不足道的小事都有可能给她的心理带来巨大的变化。既然已经没有办法赢过哥哥，那么不如退出这场比赛，让自己轻松自在一些。至于这件微不足道的小事是什么，也许是她被批评了或是哥哥得到了表扬。

"与她的表现相反，哥哥变得乖巧了。"

这个信息验证了我们之前的猜测：哥哥确实发生了变化。用奶奶的话说，哥哥变得不再令人讨厌，而是更愿意与家人亲近、独立、明白事理。当然，我们还要进一步去了解，为什么哥哥会有这样的一些变化。可能是哥哥在学校的优异表现得到了奖励，也可能是因为生长发育让他的外表发生了变化被人夸赞了，而这些事情对妹妹来说实在太困难了。

"过去的哥哥一意孤行、调皮捣蛋、又哭又闹，还想尽各种办法为难妹妹，如果大家都尊重哥哥的想法，哥哥就会很有礼貌。"

在这场竞赛中，形势似乎扭转了，原本是处于劣势的哥哥变得遥遥领先了。我们要探索妹妹为什么会变成现在这样，或许我们可以从她的过往经历中找到一个合理的解释。

　　"罗特刚出生时脐带就有问题，所以她在医院进行

了一个月的特殊护理。后来好不容易出院了，她的肠道

问题变得严重了，母亲只能夜以继日地照顾她。"

幼儿期的这段经历让妹妹得到了无微不至的呵护，也强化了

自我的弱小感，她觉得自己需要得到更多的照顾。

　　"她白天很乖，不哭也不闹。到了晚上她就会尿床、

哭闹，母亲只好陪着她睡觉，不停地哄她，这种情况一

直持续到她三岁那年。"

白天的乖巧是因为她知道身边有人陪伴，而为了让这种陪

伴能够持久，才有了晚上的无理取闹。这些都是被宠坏的孩子的

特征。

　　"罗特在语言发育方面明显比别的孩子要慢一些，

而且只能说不连贯的短句或零散的词语，她自己都觉得

很难为情。"

备受家人宠爱的孩子通常在语言发育方面都要滞后一些，但我们无法确定这个"难为情"是不是她想尽力改变这个弱点的表现。

"有一次，有人在她面前说鲍尔年纪比她小，但是说话比她流利很多，她反驳道：'鲍尔只会说哦，不会说好。'"

这个信息可以告诉我们，她的好胜心很强，不想让自己处于劣势。

"三四岁的时候，她变得特别任性，经常无理取闹，不想吃饭，也不想睡觉，总是和人对着干，跟母亲在一起的时候会变本加厉。"

这些表现都告诉我们，她是一个备受宠溺的孩子，渴望被关注和保护，又总想展示自己的强大。

"母亲上班时，家里的保姆照顾她和哥哥，而保姆更喜欢哥哥。在保姆看来，罗特长得没有哥哥漂亮，性格又内向，不讨人喜欢。有时候哥哥也会照顾她，有时候哥哥也会打她，两人互相争抢，他们的关系不能一直处于和谐状态。当兄妹俩一起向父母提要求的时候，她的态度会更坚决。"

在幼年时期，妹妹就已经有了自己长得不漂亮这个意识，而在其成长的过程中，这一点也会更清晰地显现出来。当兄妹俩同时争取某项权益的时候，哥哥更容易妥协，而妹妹不达目的不罢休，这也是她渴望获得更多权利的一种表达。

"四岁时，她去了幼儿园，在这里没有人特别关注她。"

这在她的心中留下了特别深刻的印象，因为罗特已经习惯了身边的人对她关怀备至。她期盼别人全身心地来照顾她，对她的态度是否温柔、友善、有耐心，是她亲近别人的重要依据。

> "在幼儿园里，她的语言能力没有得到很大的提升，
> 她不喜欢这个幼儿园。但她跟哥哥的关系变得更融洽了。"

也许罗特不喜欢幼儿园的教育方式，所以自身的能力没有太大的提高。而哥哥也在幼儿园里感受到了压抑，于是他们形成了统一战线。

> "哥哥愿意当她的保护神。"

从这个信息中我们发现哥哥是一个坚强的孩子，不会轻易地向困难低头，这个特质可能会帮助他在日后发生某些重大的改变。

> "她不再尿床了，在幼儿园也表现得比较乖巧。"

当周围的环境发生变化，尿床的现象就消失了。

> "后来她又被送到奶奶家里，奶奶对她很有耐心，
> 像母亲一样精心照顾她，于是尿床的现象又出现了。经

过长时间的努力，她仍然每晚需要去三次厕所。"

妹妹很希望每一个人都能够友善温和地对待她，尿床是她不愿意丢掉的一个"优势"，因为这样就可以把奶奶和母亲牢牢地拴在自己的身边。

> "她一直显得比同龄人幼稚，尤其是说话的时候，用词简单、零碎，话语不连贯。后来家人把她送到另一家幼儿园，她开始尝试努力改变说话的状况，但是效果也不是很明显。"

这种状况其实也不难理解，那些看上去一帆风顺的学习者，其实并不是因为他们有足够的天赋，而是因为那些在别人看来是新事物的任务，他们在之前的环境中早就练习过了，所以很快就能进入角色，驾轻就熟。如果之前没有练习过，任何一种技能的学习，一开始都将是十分困难的。

> "一开学她就向老师求助，怕自己说话水平太低，在课堂上受到同学的嘲笑。但令人意外的是，她在这所幼

儿园非常适应，很快她就能在同学面前为大家朗读故事了。现在她的表达能力十分清晰而流畅，上体育课的时候，她动作敏捷，表现得比哥哥还要优秀。"

一开始妹妹的不安是必然的，因为她在成长路上遇到了太多的困难，所以她惧怕自己在新环境中同样会遭受挫败。但是我们发现她在学校的表现是非常好的，也许是因为在这里得到了她想要的关爱和友善的目光，所以她的说话能力在很短的时间内得到了大幅度的提升，甚至后来在她并不擅长的体育项目上也能有超常的发挥。

"她对哥哥很大方，经常用零用钱给哥哥买礼物，甚至把零花钱给哥哥。"

这些看似友好的举动，并不是她向哥哥妥协的证据。她只是不想跟哥哥正面交锋，在自己还未完全强大起来的时候，她选择跟哥哥站在一条战线上，就是想避开自己的弱势，最终在这条战线上成为强者。

"哥哥对妹妹并不友好，后来妹妹找到了一个比她年纪小的男孩做朋友，让这个男孩取代了哥哥在她生活中的位置。"

这个信息让我们看到小女孩并不自信，她在与哥哥的关系中，依然有着极其强烈的不安全感。后来她选择和比自己年龄小的弟弟做朋友，是因为她意识到了男性天生的优越性，她觉得男性比女性更有力量，她愿意接受男性的保护。

"一个长得像女孩的男孩成了她最好的朋友，她像母亲一般照顾他。"

在妹妹的潜意识里，她想保持一种平衡，不想找女孩做朋友，也不想要作为朋友的男孩全部都具有男性的特征。她想得到男性的保护，但是又想在这段关系里体现她的优越感。这是一种矛盾的想法，是她内心的一种挣扎。

"她总是害怕伤害朋友，自己却经常很容易受到伤害。"

妹妹是一个缺乏安全感的孩子，随便一件小事都能轻而易举地让她受伤，所以她才会小心翼翼地怕伤害别人。

> "她写了一个英雄救美的故事，这个故事颠覆了我们传统的认知，讲述的是一个小女孩经历重重困难，像个英雄一样救了一个大男孩。"

这个信息让我们了解到她想变得强大，她对自己的女性角色并不满意，所以她想通过结婚成为一个母亲，然后变成强者，甚至比男性更强大。

> "她不知道去什么地方买家具。"

妹妹不光想到了婚姻，而且想到了嫁妆，已经在考虑自己通过婚姻可以得到什么。由此可见，她在日常生活中觉得自己并不能随心所欲地拥有想要的一切。

> "父亲回家的次数很少，但是她跟父亲的关系非常融洽。她创作的很多故事都以父亲为原型，在他身上实

现许多稀奇古怪的想法，让他经历各种意想不到的状况。

但是我们还是能感觉得到她对父亲是发自内心的喜欢。"

很显然，父亲对妹妹的态度是温柔和善且有耐心的，父亲对她百般呵护，她也很享受父亲对她的爱，所以在她创作的故事中，父亲才会成为主角。在许多女性的眼睛里，男人是一种特别奇怪且难以理解的物种。从妹妹创作的故事情节里，我们也不难发现这一点。

"兄妹二人进行了这样一段对话。

"妹妹：'我长大以后，你还会是我的哥哥吗？'

"哥哥：'肯定是的。'

"妹妹：'如果我结婚了呢？'

"哥哥：'那也没关系，他是你的丈夫，我还是你的哥哥。'

"妹妹：'那我该找一个什么样的丈夫呢？'

"哥哥：'找一个你喜欢的。'

"妹妹：'那我该做些什么呢？'

"哥哥：'你就看着他就好了呀。'

"妹妹："'怎么可能？我也需要做事啊。但是我不想一个人做，他也应该要做家务。他不能像父亲一样，总是读报纸都不帮母亲干活儿。'"

这段对话让我们对罗特有了进一步的认识，她一直在思考和计划自己未来要成为什么样的角色，她对男性与女性的角色区分很清楚，在她的意识里男性重要的任务是工作。但她也觉得赚钱养家的男性应该要有分担家务的自觉性，她并不愿放弃自己在家庭中与男性平等的机会。

最后我们来综合评判一下，我们到底该如何帮助罗特呢？我想答案只有一个，那就是不断地鼓励她，让她有更多的勇气去面对任务和挑战。在过往的经历中，她缺乏勇气的原因有两个：第一，哥哥的能力过于强大，让她觉得无论怎么努力也赶不上哥哥；第二，她害怕自己拥有的机会有限，不能通过平等的竞争来超越他人。

我们想告诉罗特的是，不管哥哥表现得多么优秀，即使他一路遥遥领先，也不用太在意，只要她能坚持不断地去进行训练，做好充足的准备，一定能像哥哥那么优秀，甚至在未来比哥哥更优秀。虽然她是一个女孩，但是不需要依附男人才能生活下去。

女人有能力打理好自己的生活，她们跟男人一样可以工作、赚钱、为家庭添置家具等，这些并不是只有男人才可以办到的，女人同样可以。

让自己勇敢起来的方法有千百种，但最重要的是要改变自己，要对自己的未来充满信心，要用更平和乐观的态度去面对生活中的挑战。

附录 1 　个体心理学概览图

个体心理学是最能诠释个体对集体生活态度的学说，它与社会心理学都是学术界以及有识之士的共同财产。自卑感学说是所有心理学家、心理咨询师以及教育工作者用来理解和研究问题儿童、神经症患者、犯罪分子、自杀者、酗酒者以及性变态者的关键学说，这一点已经得到证实。在教育领域方面，个体心理学不仅为教育工作者打下了良好的基础，还确定了研究的方向，因此老师们在研究时，就不会偏离正确的方向。

下面的示意图为每个人提供了个体心理检查方法，尽管这种方法还不够完善，但足以作为一个良好的行动指南，帮助我们的心理学家更顺利地开展工作。这张图涵盖了个体心理学这二十多年来的研究成果。我们在运用这张图的时候，需要考虑的影响因素包括以下几个方面：幼儿时期前五年产生的自卑感、缺乏集体意识与勇气、建立明显的外在优势、开展工作时面临的新问题、患者对自我的认识、患者是否有排斥他人的倾向，以及患者在获得优越感时如何在无意义的事情上不断寻求存在的价值。虽然心理运动的轨迹是不断变化的，没有办法套用静态的图表去进行理解，但是有一定心理学基础的人按照这张图研究患者的言行，很快就能够找到事实的真相。同时为了避免一些不必要的争议，我需要补充说明两点：第一，我们并不需要等到每个年幼的孩子都能判断有用、无用的区别之后再去继续人类的发展，每个人的认知程度是有差异的，这种差异不仅在个体身上得到体现，在一个集体中也是存在的。第二，神经症患者以及问题儿童不管是有用的一面，还是无用的一面，他们都有着不同的发展路径和进程。

阿德勒：个体心理学概览图

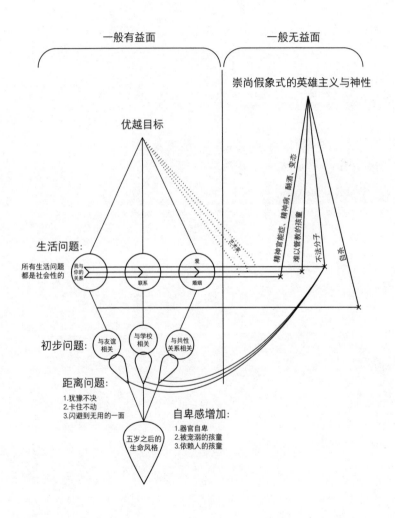

附录 2　个人心理学调查量表

国际个体心理学协会起草了一份个人心理学调查量表，解释了如何用其来理解与治疗问题儿童的方法。但其无法用表格的形式表现出来，只能以提问、对答的方式展现在下述问题中。

　　1. 孩子的行为出现异常已经有多长时间了？孩子会以哪种心理状态应对挫折，行动上又是如何展现的？

　　对孩子产生影响的外在因素关键是：生活环境的改变、中途换了新老师、弟弟或妹妹出生、在学校成绩不佳、没有交到新朋友，以及父母生病等。

　　2. 孩子在过往的经历中是否因为身体或心理上与同龄人之间的差异而表现出了不满？他是否感到惶恐，感觉自己被抛弃了？他的行动是否变得笨拙？他是否无法独自完成吃饭、穿衣服、洗澡、上床睡觉等生活中的任务？他是否害怕独自待在黑暗的环境里？他是否清楚自己的性别特征？他对异性教育的接受程度有多高？他在该学会走路、说话的年龄就学会了这些本领吗？他的牙齿是否发育正常？他在书写、算术、绘画、唱歌或游泳方面有天赋吗？他是否会对某人有明显的依赖倾向，比如父母、爷爷或奶奶？他与监护人的关系如何？

我们要关注的是，孩子是否对生活中的人和事有敌对情绪，找出引发自卑感的原因，以及孩子在对待他人时，是否有排斥倾向。我们要正视孩子在遇到困难时的态度，处理人际关系的方式，是否出现自私或过分敏感的现象。

3. 孩子有很大的压力吗？他在害怕什么？他睡觉的时候，会大声哭闹或尿床吗？他会无缘无故发脾气吗？他的脾气只针对比他弱的人，还是对谁都是一样的？他有一些奇怪的举动吗？他喜欢睡在父母的床上吗？他的动作是不是比较笨拙？他的智力发育如何？他会受到同学的嘲笑吗？他在意发型、鞋子、衣服等外在形象吗？他爱挖鼻孔或咬手指甲吗？他在吃饭时，会不会狼吞虎咽？

这些问题主要是为了确定孩子是否有勇气展现自我，是否因为内心的反抗意识而养成强迫性的动作。

4. 孩子让人觉得讨厌吗？他有知心的朋友吗？他喜欢搞恶作剧或欺负动物吗？他喜欢指挥别人做事吗？他排斥与人交流吗？他喜欢收集东西吗？他是不是把钱财看得很重要？

这部分问题主要是了解孩子是否能主动与他人交往，以及抗压能力是否强大。

5. 孩子对学习有兴趣吗？他喜欢上学吗？他在学校表现如何？他放学后能按时回家吗？他每天上学时，心情是开心的还是烦躁的？面对考试，他会紧张吗？他是否经常忘记写作业或是忘带课本？在课堂上，他容易走神吗？他会在课堂上打扰别人，扰乱课堂纪律吗？他与老师之间的关系如何？他喜欢批评别人吗？他待人傲慢还是随和？他会主动找别人帮忙完成某项任务吗？他在参加运动会的时候，好胜心强吗？他认为自己是一个聪明的孩子吗？他喜欢什么类型的书籍？

这些问题可以深入了解孩子对于入学前的准备程度，以及孩子在学校的各种情况。

6. 孩子的身体状况如何？家庭成员中是否有遗传病、酗酒和犯罪倾向，以及是否患有神经症、残疾等。孩子的家庭状况如何？谁是一家之主？他的家教是严格的还是备受宠爱的？他对自己的生活状况满意吗？家人对他的关心程度如何？

通过这些问题可以发现孩子在家庭中的地位，以及家庭教育给他带来的影响。

7. 他是家里最小的孩子吗？他跟家里人关系如何？他和家人存在针锋相对的竞争吗？他爱哭吗？他喜欢取笑别人或是批评别

人吗?

这些问题对个人角色的塑造有很重要的意义,可以说明孩子对他人的看法。

8. 他未来想从事什么职业?他对待婚姻的态度如何?他的家人分别从事什么职业?

这些问题可以让我们知道孩子对未来是否有信心。

9. 孩子最喜欢的游戏是什么?他最喜爱的故事是什么?他最欣赏的历史人物是谁?他会打断别人玩游戏吗?他是否会沉迷在幻想的世界?他是否会做白日梦?

这些问题可以看出孩子对英雄角色的态度。

10. 孩子最早的记忆是什么?他是否有印象深刻或经常重复出现的梦境?(如飞行、坠落、被压制、没赶上火车、奔跑、被抓住等。)

从这些问题中,我们会看到孩子是否有被孤立的倾向,是否有过度谨慎的表现。

11. 面对困难的时候,他会选择逃避吗?他是否觉得在生活中受到了不公平的对待?他会接受别人的关注和赞美吗?他有妄想症吗?他做事能坚持不懈,还是半途而废?他对未来有明确的目标,还是感到茫然?他认为自己的遗传基因优良吗?他是否遭受过集体霸凌？他是不是对社会充满悲观情绪？

这些问题告诉我们，孩子是否对自己丧失了信心，是否是在错误的路途上寻找前进的方向。

12. 孩子是否还有其他的一些不良习惯？比如喜欢扮鬼脸或者故意装作很愚蠢的样子，甚至做一些特别幼稚的举动。

这些问题告诉我们，孩子在尝试吸引人们注意自己的一些行为。

13. 孩子是否有语言障碍？他的外在形象良好吗？他是否发育不全，有畸形足或O型腿？他有视力障碍、听力障碍或智力障碍吗？他习惯用左手吗？他会在晚上尖叫吗？

这些问题都是孩子在成长过程中会遇到的一些困境，它们会导致孩子长期处在沮丧的情绪中。长相漂亮的孩子也会发生类似的偏差行为，他们会觉得自己不需要花费过多的力气就能获得想要的东西，从而错失面对生活做准备的良机。

14. 孩子是否能够坦然面对自己的不足、学习方面缺乏的天赋，或者在工作和生活上欠缺的能力？他是否有自杀的念头？他是否对表面上的成功过于在意？他是否表现出自卑、不可一世或叛逆？

这些问题可以让我们感受到孩子是否有沮丧的情绪，因为对环境缺乏足够的了解，多次出现错误的行为，会使他们无法用正确的方式去面对问题和解决问题，以至于在错误的路途上越走越远。

15. 孩子的哪些表现是积极、正面且阳光的？

这个问题十分重要，因为孩子的兴趣、发展倾向和准备工作可能会朝着曾经做过的事的不同方向不断发展。